卓越工程师教育培养计算机类创新系列规划教材

UML 面向对象需求分析与建模教程

主　编　邹盛荣

副主编　周　塔　顾爱华　彭昱静

科学出版社

北　京

内 容 简 介

本书主要介绍基于 UML2.5 标准的系统建模基本理论、软件分析与设计方法，书中加强了软件案例的 UML 示例说明，以提高学生的软件分析与设计水平，进一步拓展学生分析问题、解决问题的能力，达到培养“厚基础、宽口径、会应用、能发展”的卓越人才培养宗旨。

全书共 13 章，内容包括绪论，面向对象方法、统一建模语言、RUP 统一过程、工具、UML 更多细节，系统的需求获取、分析、设计、实现和测试、UML 高级课题，案例介绍等。每章均有工程实践中的相关案例说明及实践应用的创意思考和提示，书的最后一章重点描述一个完整的 UML 建模课程设计案例。

图书在版编目(CIP)数据

UML 面向对象需求分析与建模教程 / 邹盛荣主编. —北京：科学出版社，2015.5
卓越工程师教育培养计算机类创新系列规划教材
ISBN 978-7-03-044467-7

Ⅰ. ① U… Ⅱ. ①邹…Ⅲ. ①面向对象语言—程序设计—高等学校—教材Ⅳ. ①TP312

中国版本图书馆 CIP 数据核字(2015)第 114341 号

责任编辑：邹　杰 / 责任校对：郑金红
责任印制：霍　兵 / 封面设计：迷底书装

科 学 出 版 社 出版
北京东黄城根北街 16 号
邮政编码：100717
http://www. sciencep. com

三河市书文印刷有限公司 印刷
科学出版社发行　各地新华书店经销
*
2015 年 6 月第 一 版　开本：787×1092 1/16
2017 年 7 月第四次印刷　印张：10 1/2
字数：248 000

定价：30.00 元

(如有印装质量问题，我社负责调换)

前　　言

国家启动“卓越工程师教育培养计划”（简称“卓越计划”）的目的是加紧培养一批创新性强、能够适应经济和社会发展需求的各类工程技术人才，着力解决高等工程教育中的实践性和创新性问题，提高科技创新能力，这对于加快经济发展方式的转变、实现未来我国经济社会的持续发展具有重要意义。

“卓越计划”具有三个特点：一是行业企业深度参与培养过程；二是学校按通用标准和行业标准培养工程人才；三是强化培养学生的工程能力和创新能力。

为了配合该计划的实施，我们总结了近几年卓越工程师的教学经验，按照卓越工程师的要求编写了本书。本书主要介绍UML系统建模的基本理论、软件分析与设计方法，书中加强了软件案例的UML示例说明，以提高学生的软件分析与设计水平，进一步拓展学生分析问题、解决问题的能力，达到培养“厚基础，宽口径，会应用，能发展”的卓越人才的宗旨。

全书共13章，内容包括绪论，面向对象方法，统一建模语言，RUP统一过程，ROSE建模工具，UML的进一步讨论，UML系统建模过程的需求获取、需求分析、设计、实现、测试，UML的形式化，综合案例等。每章均有工程实践中的相关案例说明及实践应用的创意思考和提示，本书最后一章重点描述了一个完整的UML建模课程设计案例。

本书内容深入浅出，通俗易懂，具有很好的可读性，实用性强。案例引导为主，不讲太多UML理论；按软件系统的大小分类讲述建模，逐步引导和培养学生实践能力；结合RUP统一过程，符合软件工程的过程需要；本书配有精美PPT，可作为大学本科软件工程类、计算机等专业的教材或参考书，可有针对性地应用于卓越工程师培养计划，可供各类研究生及科研人员参考使用，还可供从事软件开发应用的工程技术人员参考。

书中标有“*”的章节属于前沿课题，老师可不讲，有兴趣的学生可参考学习，并查找相关书籍或网上资源。

本书编写完成，向历届开课学生表示感谢，向参与其中的各位老师表示感谢，有了你们的支持和帮助，使本书编排更合理并容易接受，让读者更容易从中学会并理解理论知识，在问题的思考和讨论中学会创新思维能力，并能够运用到将来的工作中。

编者

2015.6

目　　录

第一部分　建模理论概述

第二部分 UML 需求分析与建模的过程

第三部分　高级课题

第四部分　实验案例

第1章 绪　论

“UML 系统建模”是一门与软件开发密切相关的建模课程。1968 年软件工程产生后，软件分析与设计的技术在 20 世纪 80 年代末至 90 年代中期出现了一个发展高潮，UML 是这个高潮的产物。它不仅统一了 Booch、Rumbaugh 和 Jacobson 的建模表示方法，而且使其有了进一步的发展，并最终统一为大众所接受的标准建模语言（unified modeling language，UML）。

1.1 UML 的发展史

工程师为什么要建造模型？航天工程师为什么要建造航天器的模型？桥梁工程师为什么要建造桥梁模型？建造这些模型的目的是什么？

工程师建造模型来查明他们的设计是否可以正常工作。航天工程师建造好了航天器的模型，然后把它们放入风洞中了解这些航天器是否可以飞行。桥梁工程师建造桥梁模型来了解桥是否稳固。建筑工程师建造建筑模型可以了解客户是否喜欢这种建筑样式。通过建立模型来验证建造事物的可行性。

UML 系统建模是一种与面向对象软件开发密切相关的建模方法。各种面向对象的分析与设计方法都为面向对象理论与技术的发展作出了贡献。这些方法各有自己的优点和缺点，同时在各自不同范围内拥有自己的用户群。各种方法的主导思想以及所采用的主要概念与原则大体上是一致的，但是也存在不少差异。这些差异所带来的问题是，不利于面向对象方法向一致的方向发展，也给用户的选择带来了一些困惑。为此，Rational 公司的 Booch 和 Rumbaugh 决定将他们各自的方法结合起来成为一种方法，并于 1995 年 10 月发布了第 1 个版本，称为“统一方法”（Unified Method 0.8）。此时 OOSE 的作者 Jacobson 也加入了 Rational 公司，于是也加入了统一行动。1996 年 6 月发布了第 2 个版本 UML 0.9。鉴于统一行动的产物只是一种建模语言，而不是一种建模方法（因为不包含过程指导），所以自 UML 0.9 起，改称“统一建模语言”。在此过程中，由 Rational 公司发起成立了 UML 伙伴组织。开始时有 12 家公司加入，共同推出了 UML 1.0 版，并于 1997 年 1 月提交到对象管理组织（OMG）申请作为一种标准建模语言。此后，又把其他几家向 OMG 提交建模语言提案的公司扩大到 UML 伙伴组织中，并汲取意见对 UML 进一步作了修改，产生了 UML 1.1 版。该版本于 1997 年 11 月 4 日被 OMG 采纳。此后 UML 还在继续改进，目前最新的版本是 UML 2.5（www.UML.org）。

OMG 提交给国际标准化组织（ISO）的 UML 1.4 已经通过审核成为国际标准（ISO/IEC 19501：2005）。UML 早期发展过程如图 1-1 所示。

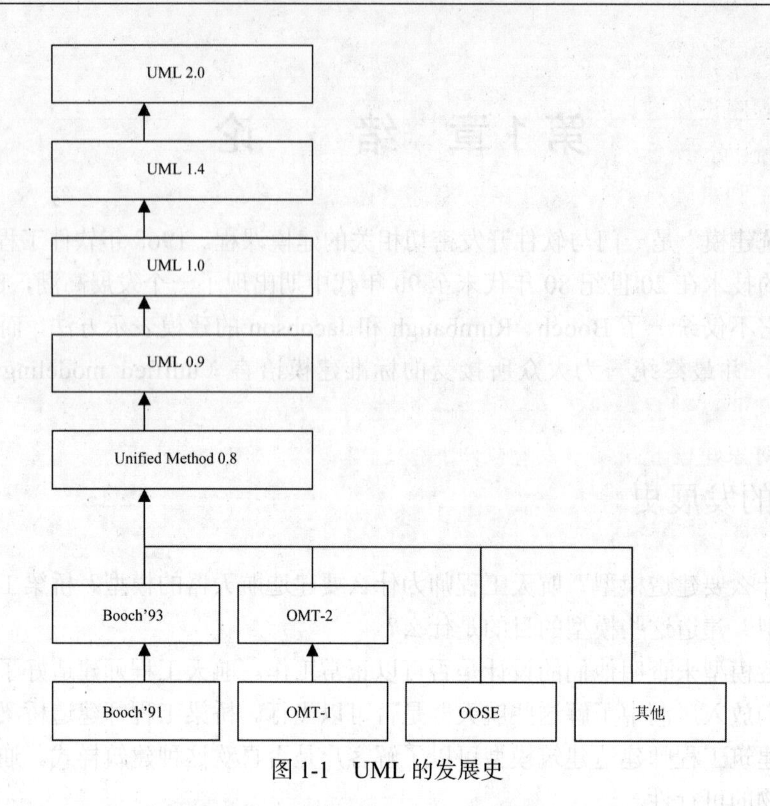

图 1-1 UML 的发展史

1.2 日常生活中的应用

模型是用某种工具对某个系统的表达方式。模型从某一个建模观点出发，抓住事物最重要的方面而简化或忽略其他方面。工程、建筑和其他许多需要创造性思想的领域中都使用模型。

表达模型的工具要便于使用。建筑模型可以是图纸上所绘的建筑图，也可以是用厚纸板制作的三维模型，还可以用存于计算机中的方程来表示。一个建筑物的结构模型不仅能够展示这个建筑物的外观，还可以进行工程设计和成本核算。

软件系统的模型用建模语言来表达，如 UML。模型包含语义信息和表示法，可以采取图形和文字等多种不同形式。

雾霾的研究可以建造模型吗？建造模型的好处有哪些？

UML 的目标是以面向对象各种相关图的方式来描述任何类型的系统。最常用的是建立软件系统的模型，但 UML 也可用来描述其他非计算机软件的系统或者商业机构或过程，以下是 UML 常见的应用。

信息系统：向用户提供信息的存储、检索、转换和提交处理存放在关系或对象数据库中大量具有复杂关系的数据。

技术系统：处理和控制技术设备，如电信设备、军事系统或工业过程，它们必须处理设计的特殊接口，标准软件很少，技术系统通常是实时系统。

嵌入式实时系统：在嵌入其他设备（如移动电话、汽车、家电）的硬件上执行的系统通常是通过低级程序设计进行的，需要实时支持。

分布式系统：分布在一组机器上运行的系统，数据很容易从一台机器传送到另一台机器，需要同步通信机制来确保数据完整性，通常是建立在对象机制上的，如CORBA、COM/DCOM或Java Beans/RMI上。

系统软件：定义了其他软件使用的技术基础设施，操作系统、数据库和在硬件上完成底层操作的用户接口等，同时提供一般接口供其他软件使用。

商业系统：描述目标、资源、人、计算机规则、法规、商业策略、政策等，以及商业中的实际工作、商业过程。商业系统是面向对象建模应用的一个重要的领域，引起了人们极大的兴趣，面向对象建模非常适合为公司的商业过程建模，运用全质量管理等技术，可以对公司的商业过程进行分析、改进和实现，使用面向对象建模语言为过程建模和编制文档，使过程更易于使用。

UML具有描述以上这些类型系统的能力。

1.3 本课程学习中需要注意的问题

建模是计算机学科所特有的吗？其他领域是否需要建模？设想造一幢摩天大厦，如果没有图纸将会是怎样的结果？

教师可按照章节进行一步步的理论教学，实践性的案例贯穿在相关章节中，有兴趣的学生可主动按照案例进行模仿建模，探索学习，主动学习，理论联系实际学习效果将更好。

（1）简单的案例描述在第3章讲述，主要引导学生观察了解UML常用的9种图的画法及作用，图形简单易用，便于学习，可立即上手模仿实践。

（2）中型案例在全书的第二部分按章节详细讲述，按照统一过程的各过程流在第二部分的每章结尾处展开说明。

图1-2是按软件RUP过程设置建模的知识点概况。

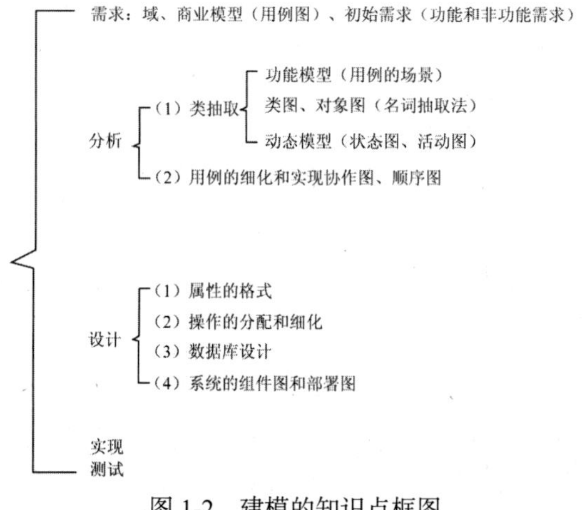

图1-2 建模的知识点框图

学期开始，学生可在老师的协助指导下明确一个感兴趣的软件案例作为学期学习目标，教师讲理论的同时学生自己动手一步步完成案例。教师课上讲解的时候，学生也可举一反三，并结合自己所做案例思考自己的经验和教训。图 1-3 是软件人才的发展途径。

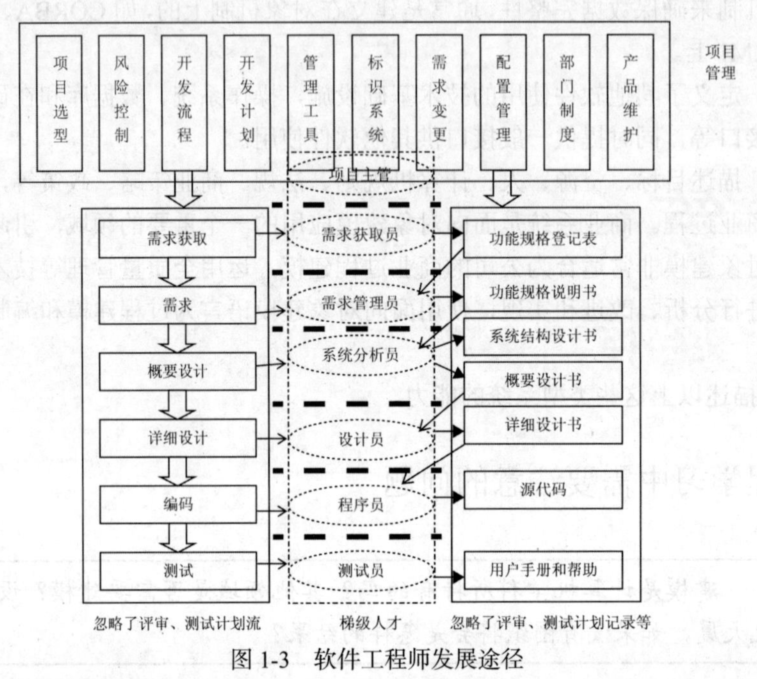

图 1-3　软件工程师发展途径

（3）复杂的大型案例在第三部分高级课题中讲述，大型软件可能是涉及人身财产安全的系统，还有一些大型系统的需求很难说清或抽取，第 12 章用案例详细讲述了这种系统建模过程中的复杂网络需求获取方法和形式化方法技术的补充作用。

第一部分 建模理论概述

本部分介绍面向对象方法的产生、UML 的发展、RUP 统一过程的模型、Rose 工具及 UML 的更多技术细节。

第 2 章　面向对象方法

软件工程从 1968 年产生以来，经历了传统软件工程阶段并发展到现在的高级软件工程阶段，面向对象的方法（简称 OO 方法）在传统软件工程方法的基础上产生，因其一些显著特点解决了一些软件问题，是目前主流的软件开发方法。有了面向对象的思想才产生了后面所要介绍的 UML。

	请回忆传统软件工程课上完成软件案例作业的过程，完成情况如何？该过程中存在哪些问题？

本章知识要点

（1）面向对象产生的原因。

（2）面向对象的思考方式。

兴趣实践

现实生活中哪些软件基于面向对象方法开发？试举一例。

探索思考

计算机硬件有摩尔定律，为什么软件没有呢？

预习准备

复习传统的结构化软件工程方法的知识及面向对象程序语言相关的三个特性。

2.1　了解面向对象产生的原因

俗话说：天下大势，分久必合，合久必分。计算机软件技术的发展也是一个“分久必合，合久必分”的过程。

从 1946 年 2 月 14 日第一台计算机诞生之日起，软件应运而生。

起初软件是手工作坊的生产方式，没有标准化的过程、工具和技术，从而导致大量软件错误。之后计算机专家提出了各种语言和方法，但还是不能避免错误的发生。小型软件（5000 行代码以下的软件）基本能正确地生产出来，但大中型软件（5 万行代码以上的软件是大型软件，其间的为中型软件）项目就很难保证。到目前为止约 1/3 的软件项目是失败的。

20 世纪 60 年代起随着计算机硬件性能的不断提高和价格的不断下降，其应用领域也在不断扩大。人们在越来越多的领域把更多、更难的问题交给计算机解决。这使得计算机软件的规模和复杂性与日俱增，从而使软件技术不断受到新的挑战。60 年代软件危机的出现就是因为系统的复杂性超出了人们在当时的技术条件下所能解决的程度。此后在软件领域，从学术界到工业界，人们一直在为寻求更先进的软件方法与技术而奋斗。每当出现一种先进的方法与技术，都会使软件危机得到一定程度的缓和。然而这种进步又立刻促使人们把更多、更复杂的问题交给计算机解决。于是又需要更先进的方法与技术。

1968 年，计算机专家集中讨论了软件危机产生的原因，并达成共识，要用工程化的管理方法来解决软件问题，从而形成软件工程的研究新领域。

开发一个具有一定规模和复杂性的软件系统和编写一个简单的程序大不一样。其间的差别，借用 Booch 的比喻，如同建造一座大厦和搭一个狗窝的差别。大型的、复杂的软件系统的开发是一项工程，必须按工程学的方法组织软件的生产与管理，必须经过分析、设计、实现、测试、维护等一系列软件生命周期阶段。这是人们从软件危机中获得的最重要的收获。这一认识促成传统软件工程学的诞生。编程仍然是重要的，但是更具有决定性意义的是系统建模。只有在分析和设计阶段建立了良好的系统模型，才有可能保证工程的正确实施。正是基于这一原因，许多在编程领域首先出现的新方法和新技术总是很快被拓展到软件生命周期的分析与设计阶段。

开发 Windows 系统需要多少程序员？

在传统的结构化软件工程的指导下，软件生产普遍采用结构化的语言和方法，取得了很大的成就，但大型软件还是频频遇到问题。于是计算机专家又分头行动，想出了各种语言、方法、工具等，以期解决软件问题。

面向对象方法正是在新的技术创意的浪潮中产生的，并经历了这样的发展过程：它首先在编程领域兴起，作为一种崭新的程序设计范型引起世人瞩目。

面向对象方法起源于面向对象的编程语言（简称 OOPL）。20 世纪 50 年代后期，在用 FORTRAN 语言编写大型程序时，常出现变量名在程序不同部分发生冲突的问题。鉴于此，ALGOL 语言的设计者在 ALGOL 60 中采用了以“Begin…End”为标识的程序块，使块内变量名是局部的，以避免它们与程序块外的同名变量相冲突。这是编程语言中首次提供封装保护的尝试。此后程序块结构广泛用于高级语言如 Pascal、Ada、C 之中。

20 世纪 60 年代中后期，Simula 语言在 ALGOL 基础上研制开发，它将 ALGOL 的块结构概念向前发展了一步，提出了对象的概念，并使用了类，也支持类继承。20 世纪 70 年代，Smalltalk 语言诞生，它以 Simula 的类为核心概念，它的很多内容借鉴了 Lisp 语言。由 Xerox 公司经过对 Smalltalk 72、Smalltalk 76 持续不断的研究和改进之后，于 1980 年推出了商品化的应用，它在系统设计中强调对象概念的统一，引入对象、对象类、方法、实例等概念和术语，采用动态联编和单继承机制。

面向对象源出自 Simula，真正的 OOPL 由 Smalltalk 奠基。Smalltalk 现在被认为是最纯的 OOPL。

正是通过 Smalltalk 80 的研制与推广应用，人们注意到面向对象方法所具有的模块化、信息封装与隐蔽、抽象性、继承性、多样性等独特之处，这些优异特性为研制大型软件，提高软件可靠性、可重用性、可扩充性和可维护性提供了有效的手段和途径。分解和模块化可以通过在不同组件设定不同的功能，把一个问题分解成多个小的独立且互相作用的组件来处理复杂、巨型的软件。

继 Smalltalk 80 之后，20 世纪 80 年代又有一大批面向对象的编程语言问世，标志着面向对象方法走向成熟和实用。此时，面向对象方法开始向系统设计阶段延伸，出现了如 Booch 86、GOOD（通用面向对象的开发）、HOOD（层次式面向对象的设计）、OOSD（面向对象的结构设计）等一批面向对象设计（简称 OOD）方法。但是这些早期的 OOD 方法不是以面向对象分析（OOA）为基础的，而主要是基于结构化分析。到 1989 年之后，面向对象方法的研究重点开始转向软件生命周期的分析阶段，并将 OOA 和 OOD 密切地联系在一起，出现了一大批面向对象的分析与设计（OOA&D）方法，如 Booch 方法、Coad/Yourdon 方法、Firesmith 方法、Jacobson 的 OOSE、Martin/Odell 方法、Rumbaugh 等的 OMT、Shlaer/Mellor 方法等。截至 1994 年，公开发表并具有一定影响力的 OOA&D 方法已达 50 余种。这种繁荣的局面表明面向对象方法已经深入分析与设计领域，并随着面向对象的测试、集成与演化技术的出现而发展为一套贯穿整个软件生命周期的方法体系。目前，大多数较先进的软件开发组织已经从分析、设计到编程、测试阶段全面地采用面向对象方法，使面向对象无可置疑地成为当前软件领域的主流技术。

直到 1995 年，面向对象的 UML 产生标志着面向对象的思想方法得到了人们的一致认可，大型软件的生产才有了更好的解决方式。

2.2　面向对象方法基本概念与特征

用计算机解决问题需要用程序设计语言对问题求解加以描述（编程），实质上，软件是问题求解的一种表述形式。显然，假如软件能直接表现人求解问题的思维路径（求解问题的方法），那么软件不仅容易被人理解，而且易于维护和修改，从而可保证软件的可靠性和可维护性，并能提高公共问题域中的软件模块和模块重用的可靠性。面向对象的概念和机制恰好可以使人们按照通常的思维方式来建立问题域的模型，设计出尽可能自然地表现求解方法的软件。

面向对象方法是一种把面向对象的思想应用于软件开发过程中，指导开发活动的系统方法，是建立在“对象”概念基础上的方法学。对象是由数据和容许的操作组成的封装体，与客观实体有直接对应关系，一个对象类定义了具有相似性质的一组对象。而继承性是对具有层次关系的类的属性和操作进行共享的一种方式。所谓面向对象就是基于对象概念、以对象为中心、以类和继承为构造机制，来认识、理解、刻画客观世界并设计、构建相应的软件系统。

2.2.1　面向对象的概念

对象是要研究的任何事物。对象可以是一个物理实体，如桌子、书等，也可以是特定的实体，如我的桌子，他的 UML 系统建模书；另外，对象也可以是无形的事物，如经济效益、交易等，虽然无形，但仍然可以描述、创建和销毁。对象由数据（描述事物的属性）和作用于数据的操作（体现事物的行为）构成一个独立整体。从程序设计者角度来看，对像是一个程序模块，从用户角度来看，对象为他们提供所希望的行为。在对象内的操作通常称为方法。

类是对象的模板，即类是对一组有相同数据和相同操作的对象的定义，一个类所包含的方法和数据描述一组对象的共同属性和行为。类是在对象之上的抽象，对象则是类的具体化，是类的实例。类可有其子类，也可有其父类，形成类层次结构。

消息是对象之间进行通信的一种规格说明。它一般由三部分组成：接收消息的对象、消息名及实际变元。

2.2.2　面向对象的特征

封装性：封装是一种信息隐蔽技术，它体现于类的说明，使数据更安全，是对象的重要特性。封装使数据和加工该数据的方法（函数）封装为一个整体，以实现独立性很强的模块，使得用户只能见到对象的外部特性（对象能接收哪些消息，具有哪些处理能力），而对象的内部特性（保存内部状态的私有数据和实现加工能力的算法）对用户是隐蔽的。封装的目的在于把对象的设计者和对象的使用者分开，使用者不必知晓行为实现的细节，只需用设计者提供的消息来访问该对象。通过封装，可以把类作为软件中的基本复用单元，提高其内聚度，降低其耦合度。图 2-1 所示为录音机封装性示例。

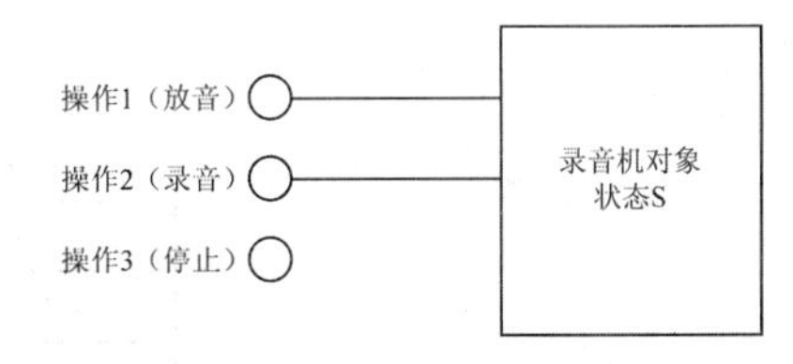

图 2-1　封装的示例

继承性：继承性是子类自动共享父类数据和方法的机制，它由类的派生功能体现。一个类直接继承其父类的全部描述，同时可修改和扩充，其示例见图 2-2。

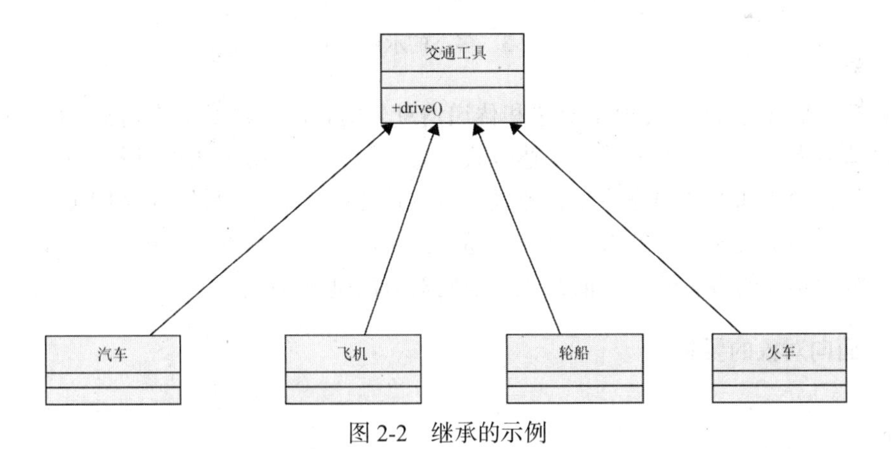

图 2-2　继承的示例

继承具有传递性。如果 B 类继承了 A 类，而 C 类又继承了 B 类，就可以说，C 类在继承了 B 类的同时，也继承了 A 类。C 类中的对象可以实现 A 类中的方法。通常所说的多继承是指一个类在继承其父类的同时，可实现其他类或接口。类的对象是各自封闭的，如果没有继承性机制，则类对象中的数据、方法就会出现大量重复。继承支持系统的可重用性，从而达到减少代码量的作用，而且可以促进系统的可扩充性。

你能想象出现实生活中家庭遗传和软件中继承的关系吗？

多态性：对象根据所接收的消息而做出动作。同一消息为不同的对象接收时可产生完全不同的行动，这种现象称为多态性。利用多态性用户可发送一个通用的信息，而将所有的实现细节都留给接收消息的对象自行决定，因此，同一消息可调用不同的方法实现。多态性的实现受到继承性的支持，利用类继承的层次关系，把具有通用功能的协议存放在类层次中尽可能高的地方，而将实现这一功能的不同方法置于较低层次，这样，在这些低层次上生成的对象就能给通用消息以不同的响应。在 OOPL 中可通过在派生类中重定义基类函数（定义为重载函数或虚函数）来实现多态性。关于多态的示例见图 2-3。

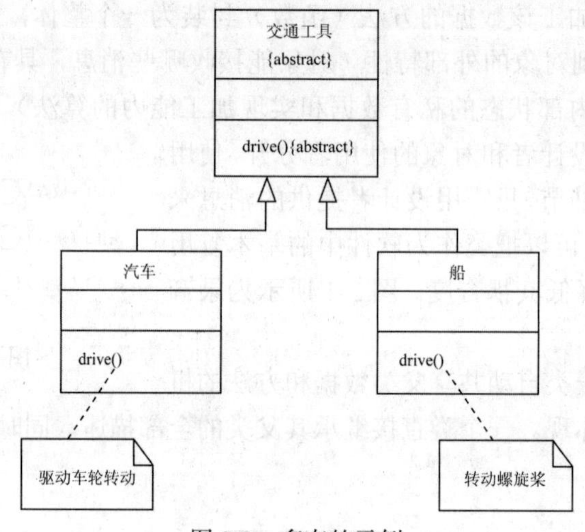

图 2-3　多态的示例

综上可知，在面向对象方法中，对象和传递消息分别表现事物及事物间相互联系的概念。类和继承是适应人们一般思维方式的描述范式。方法是允许作用于该类对象上的各种操作。这种对象、类、消息和方法的程序设计范式的基本特点在于对象的封装性和类的继承性。通过封装能将对象的定义和对象的调用分开，通过继承能体现类与类之间的关系，以及由此带来的动态联编和实体的多态性，从而构成了面向对象的基本特征。

2.2.3　面向对象的要素

1. 抽象

抽象是指强调实体的本质、内在的属性。使用抽象可以尽可能避免过早考虑一些细节。在系统开发中，抽象指的是首先考虑对象的意义和行为，然后决定如何实现对象。

类实现了对象的数据（状态）和行为的抽象。

2. 封装性（信息隐藏）

封装性是保证软件部件具有优良的模块性的基础。

面向对象的类是封装良好的模块，类定义将其说明（用户可见的外部接口）与实现（用户不可见的内部实现）显式地分开，如图 2-4 所示。

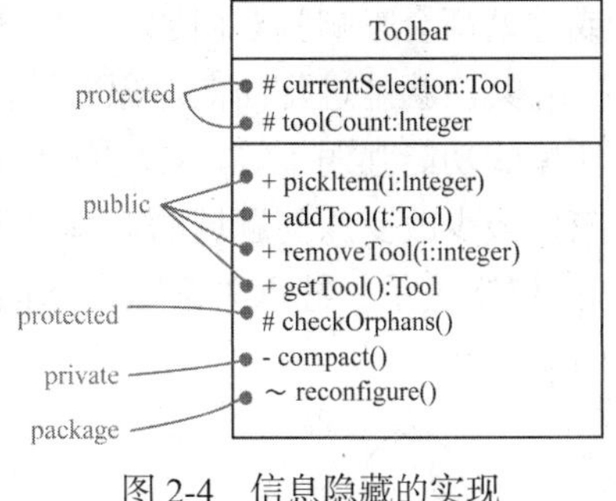

图 2-4　信息隐藏的实现

对象是封装的最基本单位。封装防止了程序相互依赖性带来的变动影响。面向对象的封装比传统语言的封装更为清晰、有力。

3. 共享性

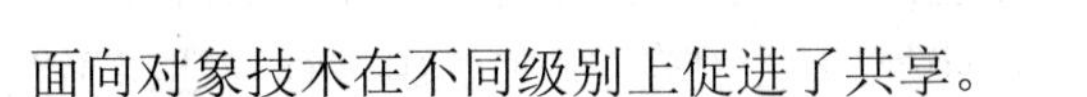

面向对象技术在不同级别上促进了共享。

（1）同一类中的共享。同一类中的对象有着相同数据结构，这些对象之间是结构、行为特征的共享关系。

（2）在同一应用中共享。在同一应用的类层次结构中，存在继承关系的各相似子类中，存在数据结构和行为的继承，使各相似子类共享共同的结构和行为。使用继承来实现代码的共享，这也是面向对象的主要优点之一。

（3）在不同应用中共享。面向对象不仅允许在同一应用中共享信息，而且为未来类似目标软件的可重用设计准备了条件。通过类库这种机制和结构来实现不同应用中的信息共享。

2.3　面向对象方法学开发过程

面向对象方法遵循一般的认知方法学的基本概念,建立面向对象方法基础。面向对象方法学认为客观世界是由各种“对象”所组成的，任何事物都是对象，每一个对象都有自己的运动规律和内部状态，每一个对象都属于某个对象“类”，都是该对象类的一个元素。复杂的对象可以是由相对比较简单的各种对象以某种方式而构成的。不同对象的组合及相互作用就构成了所要研究、分析和构造的客观系统。

可见，面向对象方法具有很强的类的概念，因此它能很自然直观地模拟人类认识客观世界的方式,即模拟人类在认知进程中的由一般到特殊的演绎功能或由特殊到一般的归纳功能，类的概念既反映出对象抽象的本质属性，又提供了实现对象共享机制的理论根据。

当遵照面向对象方法学的思想进行软件系统开发时，遵循如图 2-5 所示的步骤。

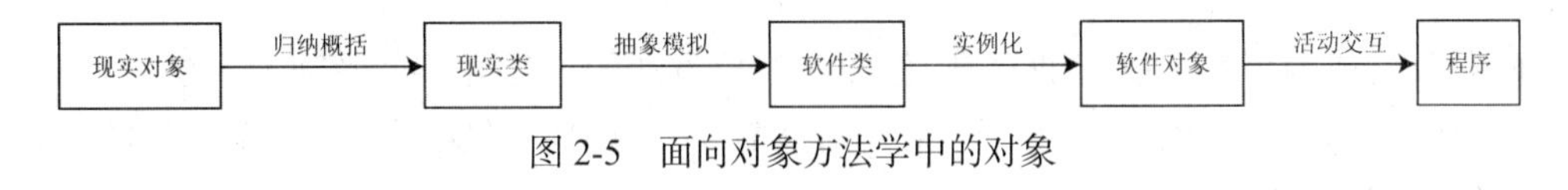

图 2-5　面向对象方法学中的对象

由图可知首先是存在现实对象，然后人们根据自己的观察角度和要求将现实对象抽象成现实类，然后软件设计人员基于现实类模拟出软件类，最后在程序中将软件类实例化成软件对象，最终的程序就是软件对象的活动和交互。

首先要进行面向对象分析，其任务是了解问题域所涉及的对象、对象间的关系和作用（操作），然后构造问题的对象模型，力争该模型能真实地反映出所要解决的“实质问题”。在这一过程中，抽象是最本质、最重要的方法。针对不同的问题性质选择不同的抽象层次，过简或过繁都会影响到对问题的本质属性的了解和解决。

其次就是进行面向对象设计，即设计软件的对象模型。根据所应用的面向对象软件开发环境的功能强弱不等，在对问题的对象模型分析的基础上，可能要对它进行一定的改造，但应以最少改变原问题域的对象模型为原则。然后在软件系统内设计各个对象、对象间的关系（如层次关系、继承关系等）、对象间的通信方式（如消息模式）等，总之是设计各个对象应做些什么。

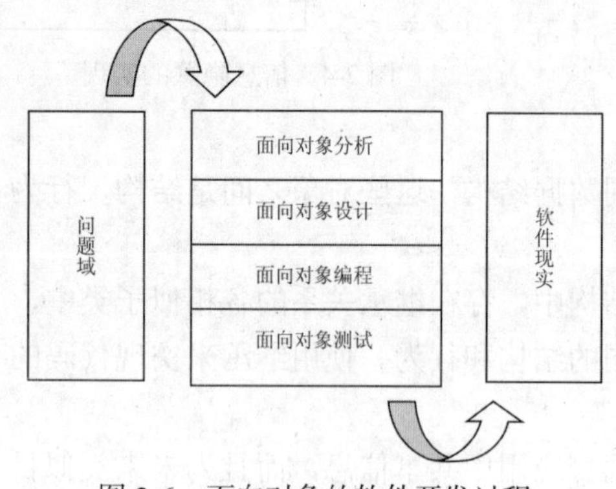

图 2-6　面向对象的软件开发过程

最后是面向对象实现，即软件功能的编码实现，包括：每个对象的内部功能的实现；确立对象哪些处理能力应在哪些类中进行描述；确定并实现系统的界面、输出形式及其他控制机理等。总体而言是实现在设计阶段所规定的各个对象所应完成的任务，如图 2-6 所示。

综上所述，可归纳出面向对象方法用于系统开发具有如下优越性。

（1）强调从现实世界中客观存在的事物（对象）出发来认识问题域和构造系统，这就使系统开发者大大减少了对问题域的理解难度，从而使系统能更准确地反映问题域。

（2）运用人类日常的思维方法和原则（体现于面向对象方法的抽象、分类、继承、封装、消息通信等基本原则）进行系统开发，有益于发挥人类的思维能力，并有效地控制了系统复杂性。

（3）对象的概念贯穿于开发过程的始终，使各个开发阶段的系统成分具有良好的对应关系，从而显著提高了系统的开发效率与质量，并大大降低了系统维护的难度。

（4）对象概念的一致性，使参与系统开发的各类人员在开发的各阶段具有共同语言，有效地改善了人员之间的交流和协作。

（5）对象的相对稳定性和对易变因素的隔离，增强了系统的应变能力。

（6）对象类之间的继承关系和对象的相对独立性，为软件复用提供了强有力的支持。

2.4　面向对象下一步发展方向

面向对象已成为事实上的工业标准，但面向对象方法的产生并不能解决所有的软件问题，还有诸如实时控制、安全生产软件等一系列问题需要计算机科学家解决，其下一步的发展方向可能有以下三方面。

1. 组件化

软件生产如果像硬件生产一样能够快速高效地生产出标准组件，而且质量有保证，那么软件生产将会彻底摆脱软件危机的困扰。软件的目标之一就是软件的组件化，希望软件系统的模块像硬件一样可按需要生产、组装、调试、维护。组件化开发模型如图 2-7 所示。

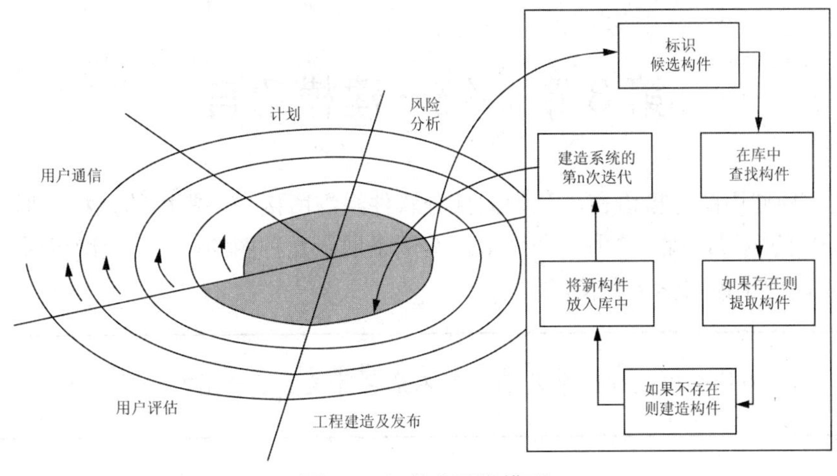

图 2-7　组件化开发模型

2. 形式化

软件工程学科中引入数学的概念和定律，软件生产将会更加科学化，后面的高级课题中将进一步说明在软件开发中应用形式化方法的可行性和一般步骤。形式化方法有希望定量刻画用户的需求，并自动化地生产出所需要的软件。形式化方法的开发模型如图 2-8 所示。

3. 智能化

20 世纪是计算机科学飞速发展的世纪，计算机硬件结构和功能进步很大，但软件的需求层出不穷，而且存在大量重复生产的状况，如果能够生产出一个软件产品，而且该产品能够适用于一类系统中，例如，生产一个通用于所有单位的图书馆系统，软件的智能化水平将更高。关于智能化需要向生物学中的大脑智能学习，而 21 世纪是生命科学的世纪，还需要向生物大脑中学习大脑智能的产生机理（图 2-9），并运用到软件工程中来，这样软件生产将更加智能化，但这可能还有很长的路要走。

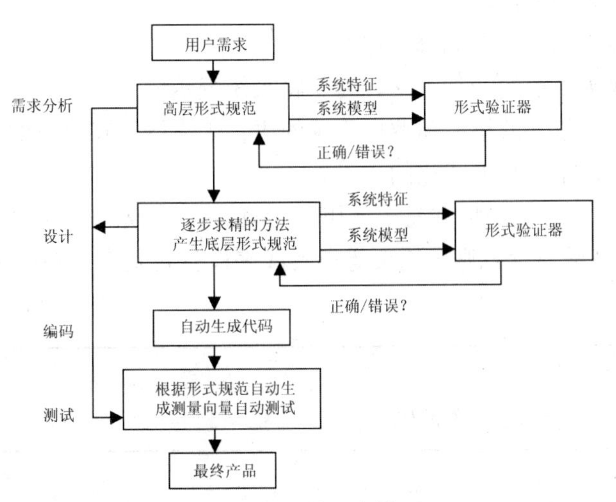

图 2-8　形式化方法的开发模型

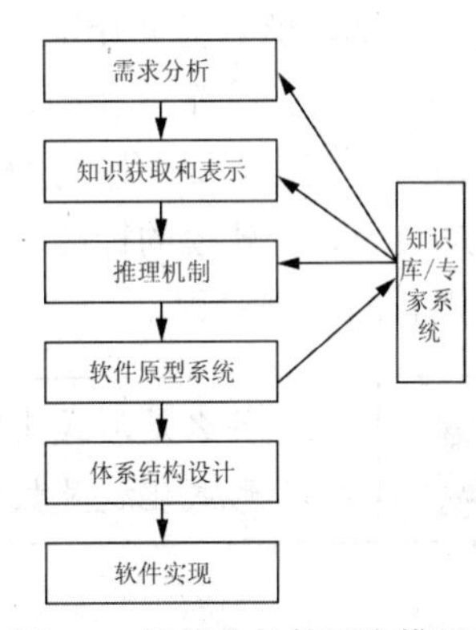

图 2-9　智能化软件开发模型

第3章　统一建模语言

UML是一种通用的建模语言，已为大部分软件组织所接受。常用的九种图形简单易懂。本章介绍UML的发展过程，并用一个简单的案例来展示九种图的样式，让读者对UML产生一些感性认识，便于模仿学习和使用。

为什么用九种图来表示，而不是三种或更多的图？

本章知识要点

（1）UML产生的原因。

（2）UML九种图的特点。

兴趣实践

打电话过程的状态图是怎样的？操作系统中有状态图吗？

探索思考

为什么UML九种图能够刻画一个软件系统？

预习准备

复习传统结构化软件工程方法的三种图。

3.1　建模语言三个类别

建模的原因是大规模的系统设计相当复杂，系统复杂就会涉及以下问题。

开发人员如何与用户沟通来了解系统的需求？

开发人员之间如何沟通以确保各个部门能够无缝协作？

系统建模提供了用计算机思考现实系统的一种方法，为了将系统表示成用户、计算机软件开发人员都能够看懂并使用的模型，建立的模型需要用正确的语言来表达，在语言的表达形式上分成三类：非形式化的、半形式化的和形式化的。

UML是一种半形式化的建模语言，通俗易懂并易于使用。UML是一种先进的标准建模语言，是当今系统建模的标准，当然某些概念规则还需要等待实践来检验并完善，UML将经历一个漫长的发展过程。

什么是形式化？

形式化就是数学化、定量化、格式化。

3.2 UML 特点

为什么叫统一建模语言呢？首先，它结束了以前各种建模思想、方法的竞争时代，并且吸收、融合了各种先进的建模思想，最后才形成的一种统一建模思想和方法。其次，它在应用领域方面，不但能用在软件开发领域，完成一些如大型的、复杂的、分布的、计算密集系统的分析设计任务，还可以用在建筑、控制、通信等领域，辅助项目的设计。再次，UML 的统一性还体现在它与所有开发语言都可以紧密结合上，而不只是针对 Java、C++等几种开发语言，在前期的需求定义和分析模型上可以做到完全一致，在与语言结合有关的部分稍有差别。最后，在 UML 的内部概念方面，由于这些概念来自不同的研究者，要形成一个体系，这些概念之间就必然要有逻辑联系，UML 在这方面也实现了统一。

UML 的主要特点有以下 3 点。

（1）统一了 Booch、OMT 和 OOSE 等基本概念。

（2）UML 吸取了面向对象技术的优点，当然也有非面向对象技术的影响。

（3）UML 还提出了许多新说法，增加了模板、职责、扩展机制、线程、过程、分布式、并发、模式、协作、活动等概念，并清晰地区分类型、类和实例、细化、接口和组件等概念。

UML 不是一门程序设计语言，但可以使用代码生成器工具将 UML 模型转换为多种程序设计语言代码，或使用反向生成器工具将程序源代码转换为 UML。UML 不是一种可用于定理证明的高度形式化的语言，尽管形式化的语言有很多种，但它们通用性较差，不易理解和使用，形式化语言和 UML 可互相补充利用。UML 成为标准建模语言的原因之一在于，它与程序设计语言无关，而且 UML 符号集只是一种语言而不是一种方法学。语言与方法学不同，它可以在不作任何更改的情况下很容易地适应任何公司的业务运作方式。既然 UML 不是一种方法学，它就不需要任何正式的工作产品。而且它提供了多种类型的模型描述图，当在某种给定的方法学中使用这些图时，使得开发中的应用程序更易理解。UML 的内涵远不仅有这些模型描述图，但是对于入门者来说，这些图对这门语言及其用法背后的基本原理提供了很好的介绍。通过把标准的 UML 图放进的工作产品中，精通 UML 的人员就更加容易加入使用 UML 的项目并迅速进入角色。

UML 是在构造软件模型时首选的一种建模工具，用来描述系统的需求和设计，在对复杂的工程进行建模时，单一图形不可能包含一个大系统所需的所有信息，更不可能描述系统的整体结构功能，这样一来就不能用单一图形来建模，而 UML 能从不同的角度描述系统，它提供了九种图，下面用一张图对比这九种图的用途，如图 3-1 所示。

建立的模型可粗略地分为静态和动态模型。静态图包括用例图、类图、对象图、组件图和部署图五个图形，是标准建模语言 UML 的静态建模机制。动态图或者可以执行，或者表示执行时的时序状态或交互关系。它包括状态图、活动图、顺序图和协作图四个图形，是标准建模语言 UML 的动态建模机制。

当采用面向对象技术设计系统时，首先是描述需求；其次根据需求建立系统的静态模型，以构造系统的结构；最后是描述系统的行为。UML 图按照描述软件结构的功能可详细地划分为五类。

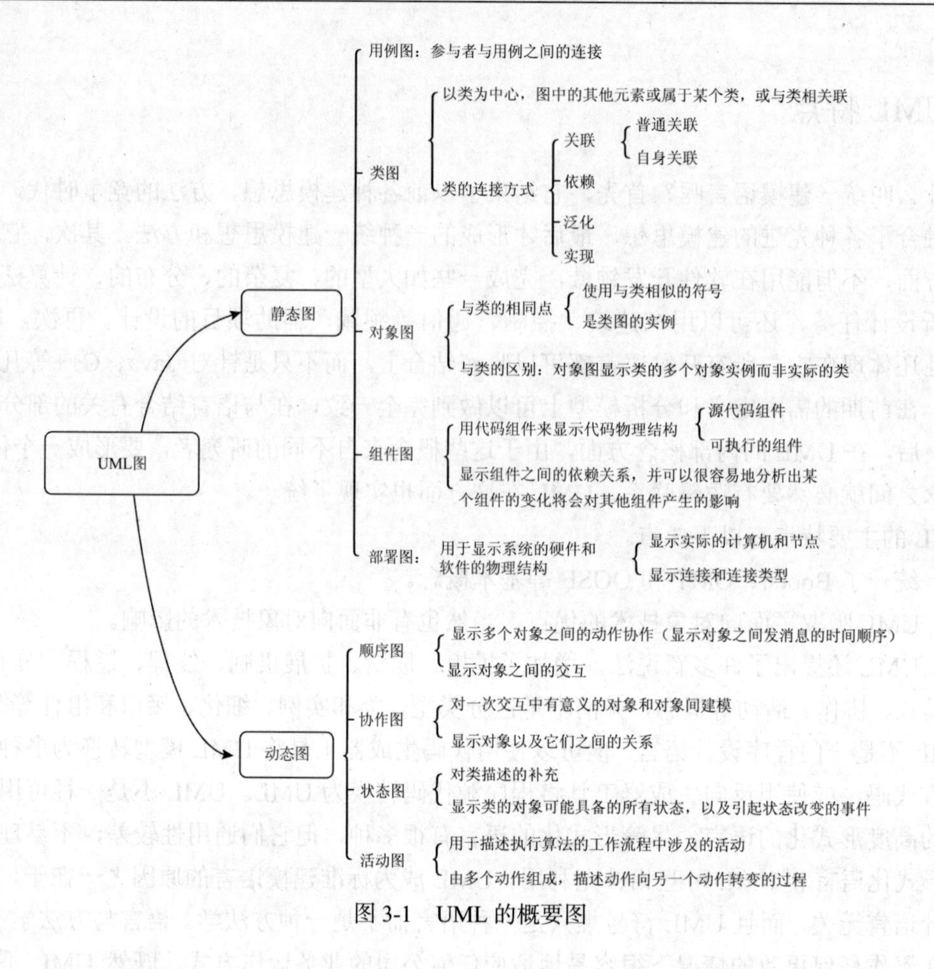

图 3-1　UML 的概要图

第一类是用例图，从用户角度描述系统功能，并指出各功能的操作者。

第二类是静态图，包括类图、对象图。其中类图描述系统中类的静态结构。不仅定义系统中的类，表示类之间的联系（如关联、依赖、聚合）等，也包括类的内部结构（类的属性和操作）。类图描述的是一种静态关系，在系统的整个生命周期都是有效的。对象图是类图的实例，几乎使用与类图完全相同的标识。它们的不同点在于对象图显示类的多个对象实例，而不是实际的类。一个对象图是类图的一个实例。由于对象存在生命周期，所以对象图只能在系统某一时间段存在。

当需要分层管理类或用例时，还可以用包图来表达，包由包或类组成，表示包与包之间的关系。包图用于描述系统的分层结构。

第三类是行为图，描述系统的动态模型和组成对象间的交互关系。其中状态图描述类的对象所有可能的状态以及事件发生时状态的转移条件。通常，状态图是对类图的补充。在实用上并不需要为所有的类画状态图，仅为那些有多个状态、其行为受外界环境的影响并且发生改变的类画状态图。而活动图描述满足用例要求所要进行的活动以及活动间的约束关系，有利于识别并行活动。

第四类是交互图，描述对象间的交互关系。其中顺序图显示对象之间协作的顺序关系，它强调对象之间消息发送的顺序，同时显示对象之间的交互；协作图描述对象间的协作关系，协作图与顺序图相似，显示对象间的动态协作关系，即信息交换及它们之间的关系。如果强调时间和顺序，则使用顺序图；如果强调空间的上下级关系，则选择协作图。这两种图合称交互图。

第五类是实现图。其中组件图描述代码部件的物理结构及各部件之间的依赖关系。一个部件可能是一个资源代码部件、一个二进制部件或一个可执行部件。它包含逻辑类或实现类的有关信息。组件图有助于分析和理解部件之间的相互影响程度。部署图用于定义系统中软硬件的物理体系结构。它可以显示实际的计算机和设备（用节点表示）以及它们之间的连接关系，也可显示连接的类型及部件之间的依赖性。在节点内部，放置可执行部件和对象，以显示节点与可执行软件单元的对应关系。

3.3　网络教学系统案例 UML 简单图示

本案例主要展示 UML 九种图的表示方式，一般的小型案例不一定需要九种图，有时有用例图和类图就足以说明软件的主要功能和软件结构。该案例主要展示 UML 的九种图样式，更多 UML 细节在第 6 章中说明，中型案例的软件开发过程中如何使用 UML 图将在第二部分详细解释说明。

对象图和类图形式一样，只是其中的对象是类的实例。对象图存在的意义是什么？

3.3.1　系统功能

1. 系统功能需求

（1）学生可以登录网站浏览和查找各种信息以及下载文件。

（2）教师可以登录网站给出课程见解，发布、修改和更新消息以及上传课件。

（3）系统管理员可以对页面进行维护和批准用户的注册申请。

满足上述需求的系统主要包括下面几个模块。

（1）数据库管理模块：提供使用者录入、修改并维护数据的途径。

（2）基本业务模块：教师可以上传文件、发布消息、修改和更新消息；学生可以下载文件；管理员可以维护页面、批准注册等。

（3）信息浏览、查询模块：主要用于对网站的信息进行浏览、搜索查询。

2. 数据库管理模块

（1）教师信息管理：负责教师信息的管理。

（2）课程简介信息管理：负责课程简介信息的管理。

（3）文件上传信息管理：负责文件上传信息的管理。

3. 基本业务模块

（1）文件上传：教师可以使用此模块将课程的数据上传到网站服务器。

（2）文件下载：学生可以使用此模块从网站上下载课件及其他资料。

（3）消息发布：教师可以通过此模块发布学习方法、课程重点等和教学相关的文章，以及和课程相关的通知等。

（4）消息修改和更新：教师可以通过此模块对自己发布的信息进行修改和更新。

（5）页面维护：网站管理员可以使用此模块对网站的页面进行维护。

（6）用户注册批准：网站管理员可以使用此模块批准用户注册。

4. 信息浏览、查询模块

（1）网页信息浏览：用户浏览网站信息。

（2）文章信息搜索：用户根据关键字搜索文章。

3.3.2 系统的 UML 建模

1. 系统的用例图

创建用例图之前首先需要确定参与者。

在网络教学系统中，需要学生和教师的参与。学生可以浏览课程简介、教学计划、学习方法等教师发布的文章，并可以根据关键字查询文章。此外，学生可以从网站上下载课件。教师作为教学的主导者，使用此网站可以发布学习方法、课程重点等和教学相关的文章，以及和课程相关的通知等，还可以将某一门课程的课件上传。网站需要一个专门的管理者进行日常维护与管理，所以需要有系统管理员的参与。

1）系统用户参与的总的用例图

系统用户参与的总的用例图如图 3-2 所示，从图中可以清楚地看到泛化关系与各个参与者所参与的用例。

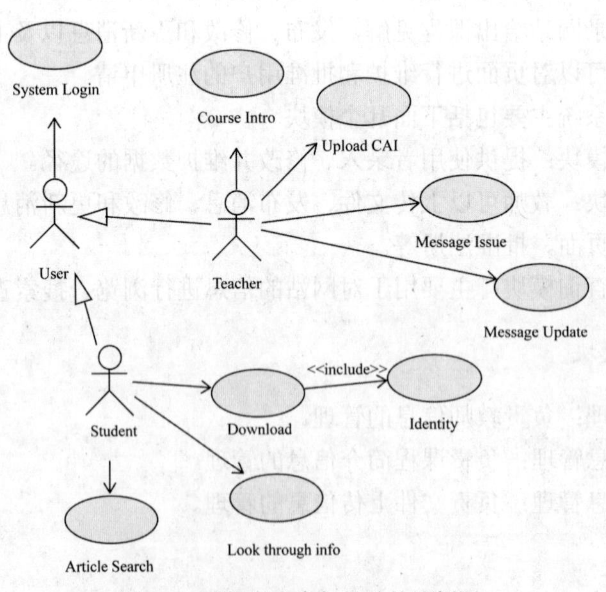

图 3-2 系统用户参与的总的用例图

抽象参与者注册“用户”的用例只有登录系统一个，学生和老师用户除了包含这个用例以外，还各自有相对应的用例。

教师和学生都可以从网站“用户”这个参与者泛化而来，网站用户是指网站的注册用户，注册用户可以登录系统完成相应的操作。

2）学生参与者的用例

（1）文章浏览用例：学生可以浏览诸如课程简介、教学计划、学习方法等教师发布的文章。

（2）文章搜索用例：学生可以使用搜索功能根据关键字查询相应的文章。

（3）文章下载用例：学生可以使用下载功能将网站上的课件以及资料信息下载到本地机器上。

【用例图说明】

（1）Download：文件下载用例。

（2）Look through info：文章浏览用例。

（3）Article Search：文章搜索用例。

（4）Identify：权限认证用例。此用例用来认证文件下载是否具有下载文件的权限。

3）教师参与者的用例

（1）添加课程简介用例：教师可以为自己所教授的课程添加课程简介。

（2）上传课件用例：教师可以将课程的课件上传到网站上供学生下载。

（3）文章或消息发布用例：教师可以发布介绍学习方法、课程重点等和教学相关的文章，以及和课程相关的通知等。

（4）文章或消息修改用例：教师可以修改自己发布的文章和通知。

【用例图说明】

（1）Course Intro：添加课程简介用例。

（2）Upload CAI：上传课件用例。

（3）Message Issue：文章或消息发布用例。

（4）Message Update：文章或消息修改用例。

2. 系统中的类

1）参与者相关的类

系统中和参与者相关的类如图3-3所示。

【类图说明】

（1）User类是所有类的父类，包括的属性有Account（登录名）、Password（密码）、email（用户邮箱）等。方法有getEmail（获取邮箱）、getAccount（获取登录账户名）以及changePass（修改密码）。

（2）Student类是学生类，除了继承父类的属性和方法，还包括number（学号）、name（姓名）、sex（性别）、age（年龄）、classNum（班级）和grade（年级）等属性。

（3）Teacher类是教师类，除了继承父类的属性和方法，还包括name（姓名）、sex（性别）、IdentityCard（身份证号）、course（教授的课程）以及telephoneNum（电话号码）。

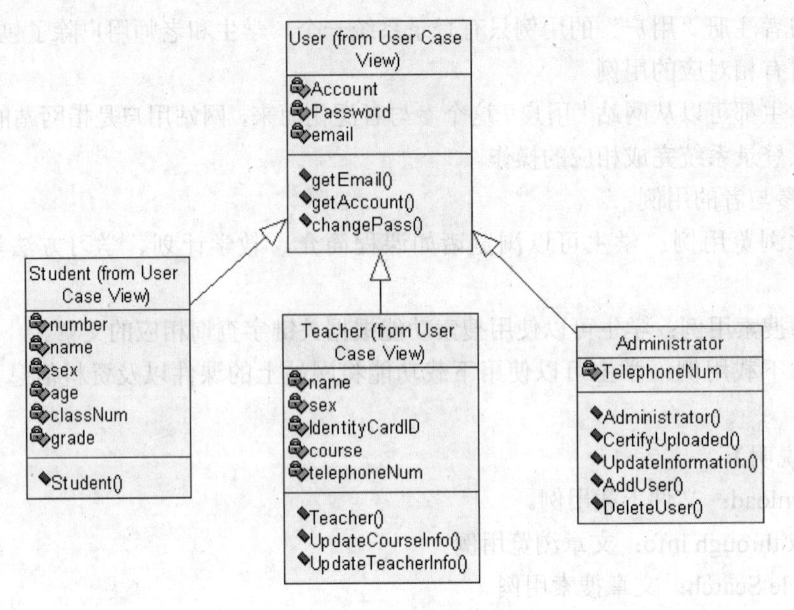

图 3-3　参与者相关的类

（4）Administrator 是管理员类，管理员有自己的属性，TelephoneNum（电话号码），还有自己的方法：CertifyUploaded（文件的上传认证）、UpdateInformation（更新页面信息）、AddUser（添加用户）和 DeleteUser（删除用户）等。

2）各类之间的关系

类不是单独一个模块，各个类之间是存在联系的。网络教学系统各个类之间的联系如图 3-4 所示。

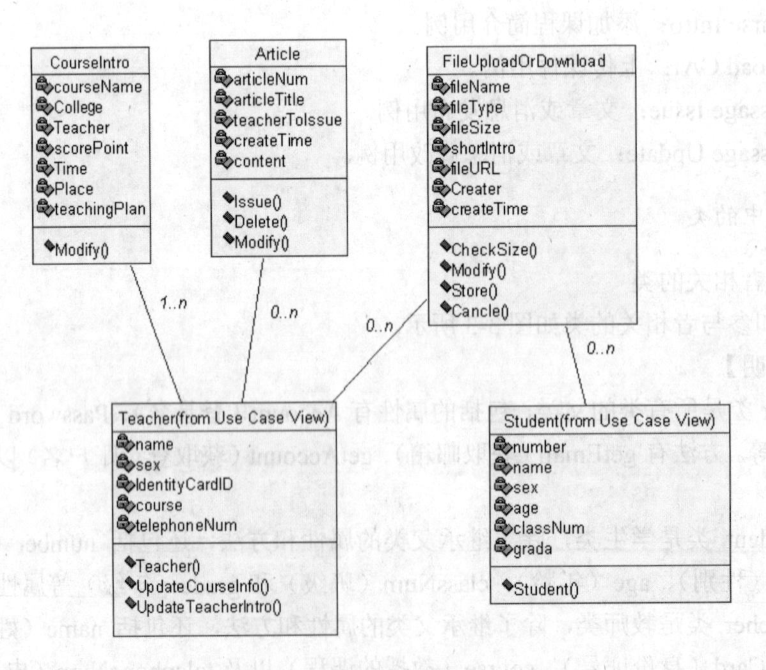

图 3-4　各类之间的关系

【类图说明】

（1）CourseIntro 类表示课程介绍类。此类的属性有 courseName（课程名）、College（开课院校）、Teacher（授课教师）、scorePoint（课程学分）、Time（开课时间）、Place（上课地点）和 teachingPlan（教学计划）等，它有一个修改课程信息的方法 Modify。

（2）Article 类表示发表的文章类，包括 articleNum（文章序号）、articleTitle（文章标题）、teacherToIssue（发布教师）、createTime（创建时间）以及 content 文章内容。方法有 Issue（文章发布）、Delete（文章删除）和 Modify（修改）。

（3）FileUploadOrDownload 类表示上传的文件信息类，属性包括 fileName（文件名）、fileType（文件类型）、fileSize（文件大小）、shortIntro（文件的简短介绍）、fileURL（文件地址）、Creater（文件的创建者）以及 createTime（文件的创建时间）等。操作包括 CheckSize（检查文件大小）、Modify（修改文件信息）、Store（文件存储）以及 Cancle（取消上传）等。

教师可以教授几门课程，所以有几门课程的课程简介；教师可以发布多条信息，也可以不发布；教师可以不上传文件，也可以上传多个文件。一个学生可以下载一个文件，也可以不下载文件。

3. 对象图

对象图描述了某一瞬间对象集及对象间的关系，为处在某一时空点的系统建模，描绘了系统的对象、对象的状态及对象间的关系，如图 3-5 所示。

对象图主要用来为对象结构建模。对象图中通常含有对象、连接。像其他的图一样，对象图中还可以有注解、约束、包或子系统。

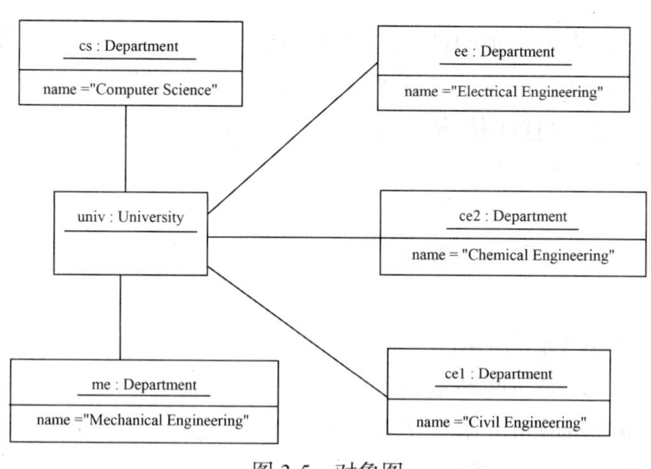

图 3-5 对象图

4. 系统的状态图

系统的状态图如图 3-6 所示。

【状态图说明】

（1）HomePage：处于网站主页。

（2）Certify：登录验证状态。

（3）SuccessPage：登录成功页面。

（4）UpLoadApplyPage：文件上传页面。

（5）StoringFile：文件存储状态。

（6）OldPage：页面未更新状态。

（7）NewPage：页面更新状态。

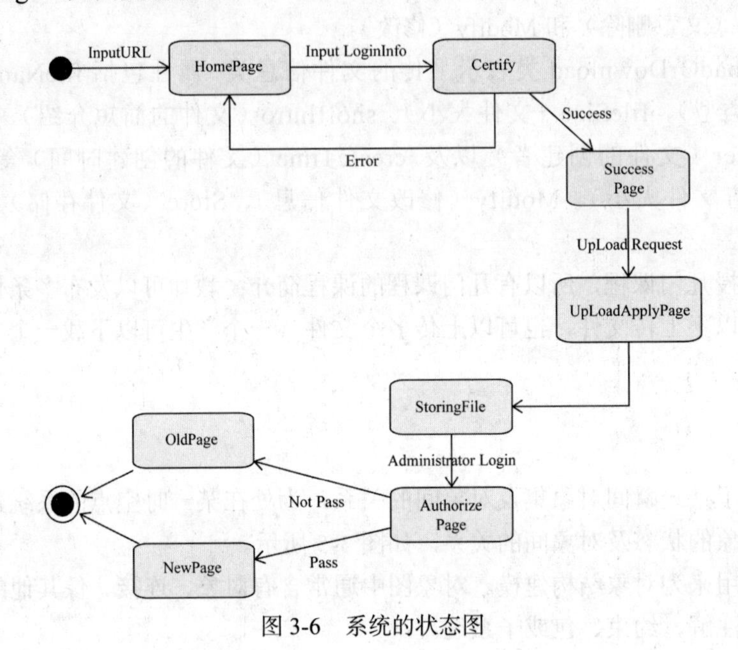

图 3-6　系统的状态图

教师要上传文件，首先要登录网站，通过网站认证后转入文件上传页面，上传文件后处于文件存储状态。文件存储后，要经过管理员的认证才可以在页面上显示，如果通过认证，则刷新页面，如果未通过，则页面维持不变。

5. 系统的活动图

用户登录系统的活动图如图 3-7 所示。

【活动图说明】

（1）InputURL：输入网站的 URL。

（2）Show HomePage：显示网站主页。

（3）Input Login Information：输入登录信息。

（4）Press "OK" Button：单击 OK 按钮。

（5）Certify UserInfo：用户信息认证。

（6）Show Success Page：显示登录成功界面。

用户登录系统时，首先要输入登录网站的 URL，然后从首页的登录窗口中输入登录信息，如用户名和密码，单击页面上的登录按钮。用户输入的信息会与数据库中的信息对比验证，如果验证成功则返回登录成功页面，如果失败则返回登录失败页面。

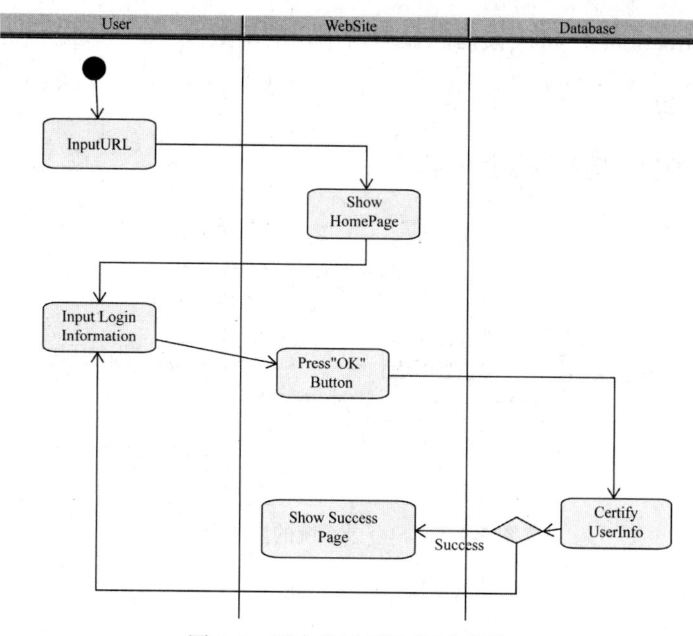

图 3-7　用户登录系统的活动图

6. 系统的顺序图

网络教学系统中的用例很多，所能画出的顺序图也很多，在此只给出用户登录系统的顺序图，如图 3-8 所示。

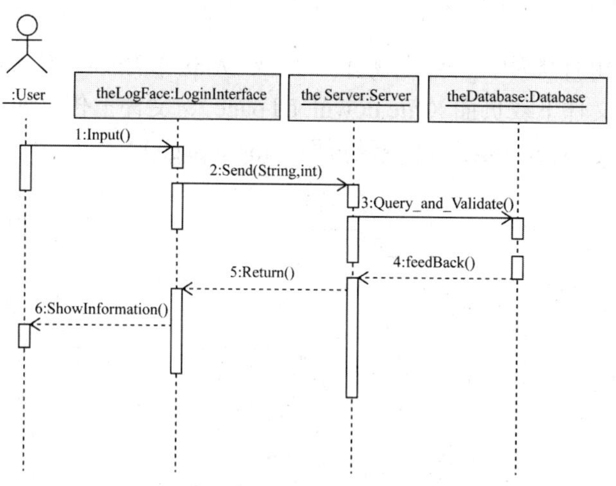

图 3-8　用户登录系统的顺序图

【顺序图说明】

（1）Input（String，int）：输入用户名和密码的函数。

（2）Send（String，int）：将用户名和密码发送给服务器的函数。

（3）Query_and_Validate()：查询数据库并验证用户名和密码正确性的函数。

（4）feedBack()：发送反馈消息的函数，如果验证通过，则发送 OK；如果验证出错，则发送 Error。

（5）ShowInformation()：将反馈信息显示给用户的函数。

7. 系统的协作图

用户登录系统的协作图如图 3-9 所示。

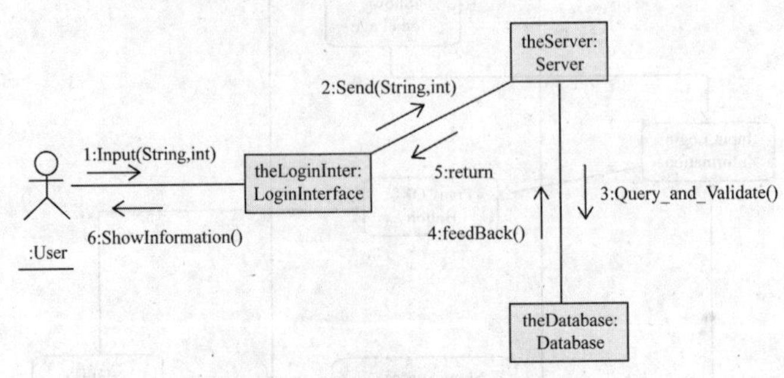

图 3-9　用户登录系统的协作图

【协作图说明】

Input（String，int）：输入用户名和密码的函数。

Send（String，int）：将用户名和密码发送给服务器的函数。

Query_and_Validate()：查询数据库并验证用户名和密码正确性的函数。

feedBack()：发送反馈消息的函数，如果验证通过，则发送 OK，否则发送 Error。

ShowInformation()：将反馈信息显示给用户的函数。

8. 系统的组件图

网络教学系统的组件图如图 3-10 所示，组成 Web 应用程序的页面包括：维护页面（maintenance page）、文件下载页面（file download page）、文件上传页面（fileupload page）、信息发布页面（message issue page）和登录页面（login page）。

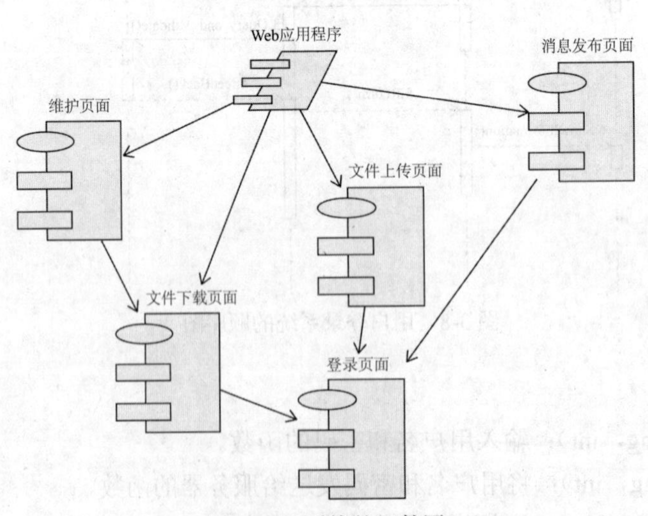

图 3-10　系统的组件图

9. 系统的部署图

部署图主要用来说明如何配置系统的软件和硬件。网络教学系统的应用服务器负责保存整个Web应用程序，数据库负责数据库管理。此外还有很多终端可以作为系统的客户端。由于客户端很多，在此只画出3个客户端，系统部署图如图3-11所示。

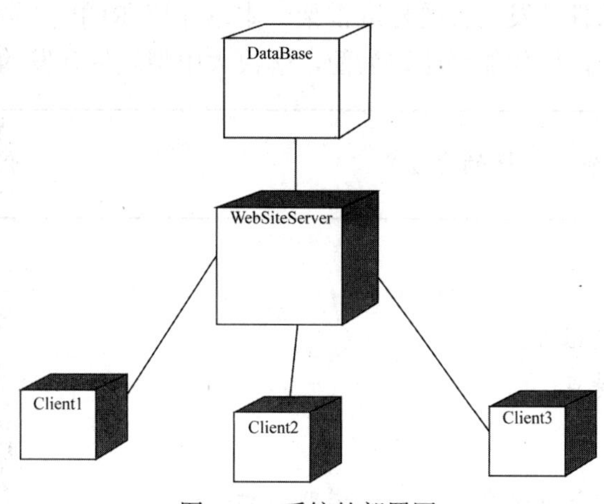

图3-11　系统的部署图

第 4 章　RUP 统一过程

面向对象思想产生了 UML，但 UML 九种图何时使用是软件项目准确描述的关键。RUP 统一过程已经成为指导软件开发过程的标准框架。本章介绍 RUP 产生及开发模型的二维特点，并体现了迭代的思想，迭代能够化繁为简，解决大中型软件开发的问题。

	迭代法是个什么样的方法？

本章知识要点

（1）RUP 过程产生的根源。

（2）RUP 的过程和特点。

兴趣实践

瀑布、喷泉等词为何会出现在软件开发模型的描述中？

探索思考

是不是每个软件开发都需要使用 RUP 开发模型？

预习准备

复习传统软件工程方法的瀑布模型知识。

4.1　RUP 产生

软件开发有了面向对象的思想指导，有了 UML 科学的表达语言，将会提高正确率，但软件开发是有过程的，这个过程要按照前人总结的过程模型来开发才能更正确。

为了防止 UML 建模和某种开发过程模型结合过紧，导致其适应性降低，使统一性大打折扣，从而影响 UML 建模工具的普及和推广，OMG 只制定了语义规则和表示符号，对于一个实际问题怎样进行建模，并未制定像数据库设计范式那样的规范和原则，对于一个项目，应该先建什么模型，后建什么模型，也没有作限制。也就是说，没有规定 UML 建模的工作过程和方法，UML 建模可以适应任何开发过程模型。

关于软件开发模型大概有两类：

线性的，包括瀑布模型（见图 4-1）、原型模型等；迭代的，包括螺旋模型、喷泉模型、进化树模型、迭代增量模型等。

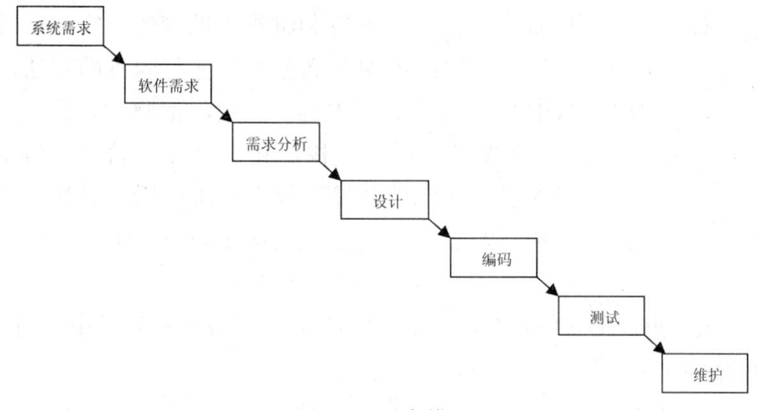

图 4-1　瀑布模型

传统的项目组织是顺序通过每个工作流，每个工作流只有一次，也就是瀑布生命周期。瀑布模型到最后产品完成才开始测试，在分析、设计和实现阶段所遗留的隐藏问题会大量出现，项目可能停止并开始一个漫长的错误修正周期。

一种更灵活、风险更小的方法是多次通过不同的开发工作流，这样可以更好地理解需求，构造一个健壮的体系结构，并最终交付一系列逐步完成的版本，这称为一个迭代生命周期。在工作流中的每一次顺序的过程称为一次迭代。软件生命周期是迭代的连续，通过它，软件是增量的开发。一次迭代包括了生成一个可执行版本的开发活动，还有使用这个版本所必需的其他辅助成分，如版本描述、用户文档等。因此一个开发迭代在某种意义上是在所有工作流中的一次完整的经过，这些工作流至少包括需求工作流、分析和设计工作流、实现工作流、测试工作流，其本身就像一个小型的瀑布项目。

统一软件过程（RUP）就是迭代的模型。RUP 中的每个阶段可以进一步分解为迭代。一个迭代是一个完整的开发循环，产生一个可执行的产品版本，是最终产品的一个子集，它增量式地发展，从一个迭代过程到另一个迭代过程到成为最终的系统，如图 4-2 所示。

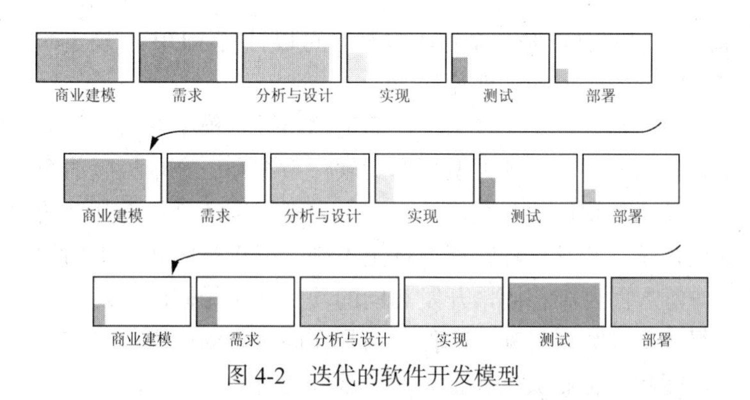

图 4-2　迭代的软件开发模型

RUP 是由 Rational 公司的 Booch、Rumbaugh 以及 Jacobson 联合制定的一种软件开发过程。RUP 好像一个在线的指导者，它可以为所有方面和层次的程序开发提供指导方针、模板以及事例支持。RUP 和类似的产品把开发中面向过程的方面（如定义的阶段、技术和实践）和其他开发的组件（如文档、模型、手册以及代码等）整合在一个统一的框架内。

RUP 吸收了多种开发模型的优点，是软件开发和维护中的阶段、方法、技术、实践及相关产物的集合，提供了如何在软件开发组织中严格分配任务和职责的方法，特别适合大型软件项目或产品开发过程。RUP 以架构设计为中心，采用用例驱动，是一个增量式的迭代的过程。它把软件的开发周期分为初始、细化、构造和交付 4 个阶段，每个阶段都包含了若干次迭代，而每次迭代都包含了一次软件开发流程：需求分析、设计、实现和测试等步骤。根据用户提出的改进意见和新的需求，通过多次迭代对系统进行优化，最终完成软件的开发。

RUP 最重要三大特点：①软件开发是一个迭代过程； ②软件开发是由用例驱动的；③软件开发是以架构设计为中心的。

与传统的瀑布模型相比较，迭代过程具有以下优点。

（1）降低了在一个增量上的开支风险。如果开发人员重复某个迭代，那么损失只是这一个开发有误的迭代的花费。

（2）降低了产品无法按照既定进度进入市场的风险。通过在开发早期就确定风险，可以尽早解决而不至于在开发后期匆匆忙忙。

（3）加快了整个开发工作的进度。因为开发人员清楚问题的焦点所在，他们的工作会更有效率。

用户的需求并不能在一开始就作出完全的界定，它们通常是在后续阶段中不断细化的。因此，迭代过程这种模式使适应需求的变化更容易。

	什么是迭代？化繁为简的方法有哪些？

4.2　基于统一过程的 UML 系统建模

RUP 是一个流程定义平台，是一个流程框架。可以针对 RUP 所规定的流程进行客户化定制，制定适合自己组织的实用的软件流程。

软件开发过程模型的理论定义比较简单，而把这一过程模型在实践中成功应用却有许多制约因素，首先是软件的范围，一个大型分布式软件系统和一个单机版的个人软件系统在开发管理上肯定不同；其次是软件的开发目的，一个为了提高浏览量而开发的网站和一个为密集计算而开发的处理系统在开发过程管理上肯定不同。最后是团队，不同的团队在磨合度、个人能力、团队协作等方面各不相同，开发相同的项目使用相同的开发过程模型，开发结果完全不同的实例多得数不胜数。另外，软件复用是面向对象的一大特点，它不但与所选择的开发过程模型有关，而且与企业文化和企业的做事方式有关。

以上都说明，选择或设计一个好的、能够反映软件开发过程在什么时候做什么及如何做的过程模型并不是件容易的事。UML 建模工具和统一过程 RUP 结合，是很多人熟知的理论，这很大程度上得益于 UML 三位主要创始人的功劳，因为他们曾共同出版过一本关于 UML 与统一过程的书。

RUP 可使用 UML 来建立软件系统所需的各种模型。UML 是软件系统开发方法的一个组成部分，融合了当前一些流行的面向对象开发方法的主要概念和技术，成为一种面向对象的标准化的统一建模语言。UML 与 Rational 统一过程的结合将形成一种强大、高效的软件系统开发方法和技术。

统一过程是反复迭代和不断增长的，它的生命周期每一个阶段都影响着新一代产品，而工作流程又是阶段产品的具体体现，在它的核心流程中每一个过程都对应一个模型，用相应的 UML 图来表示。

实践证明，采用 RUP 作为指导，并结合 UML 所提供的模型，可以完整地表达系统在不同开发阶段的模型，使开发的系统结构清晰、功能明确、易于维护，大大提高了软件开发的质量和效率，实现预期的功能。

4.3 二维开发模型

RUP 软件开发生命周期是一个二维的软件开发模型。横轴通过时间组织，是过程展开的生命周期特征，体现开发过程的动态结构，用来描述它的术语主要包括周期、阶段、迭代和里程碑；纵轴以内容来组织，为自然的逻辑活动，体现开发过程的静态结构，用来描述它的术语主要包括活动、产物、工作者和工作流，如图 4-3 所示。

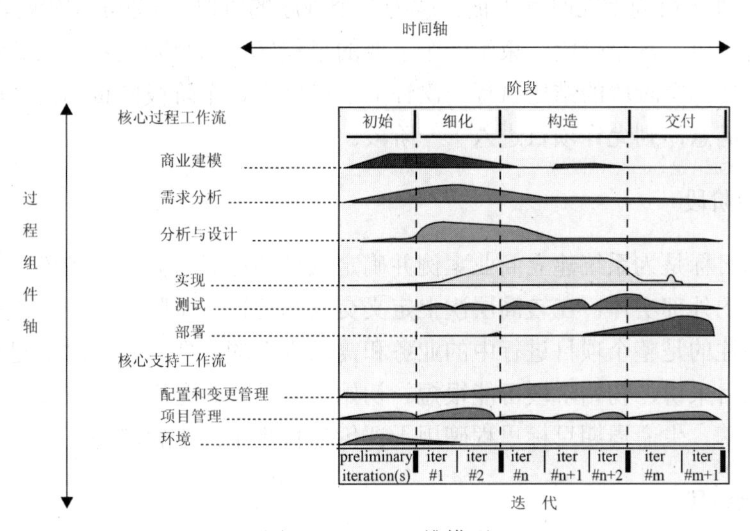

图 4-3 RUP 二维模型

RUP 中定义了一些核心概念，如图 4-4 所示。

角色：描述某个人或者一个小组的行为与职责，RUP 预先定义了很多角色。

活动：是一个有明确目的的独立工作单元。

工件：是活动生成、创建或修改的一段信息。

RUP 是一个通用的过程模板，包含很多开发指南、制品、开发过程所涉及的角色说明，由于它非常庞大，所以对具体的开发机构和项目使用 RUP 时还要作裁剪，也就是要对 RUP 进行配置。RUP 就像一个元过程，通过对 RUP 进行裁剪可以得到很多不同的开发过程，这些软件开发过程可以看作 RUP 的具体实例。RUP 裁剪可以分为以下几步。

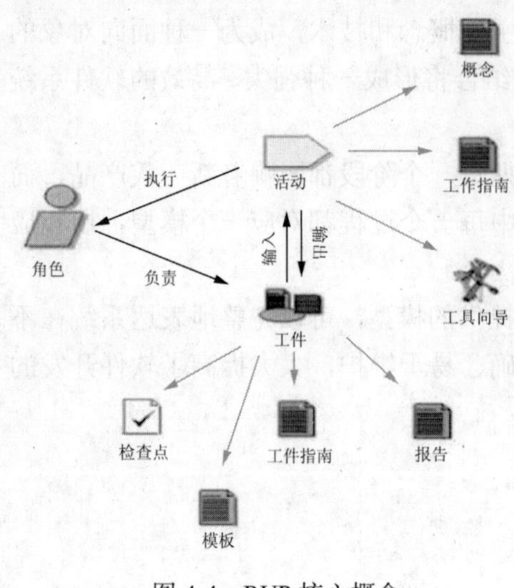

图 4-4　RUP 核心概念

（1）确定本项目需要哪些工作流。RUP 的 9 个核心工作流并不总是需要的，可以取舍。

（2）确定每个工作流需要哪些制品。

（3）确定 4 个阶段之间如何演进。确定阶段间演进要以风险控制为原则，决定每个阶段有哪些工作流，每个工作流执行到什么程度，制品有哪些，每个制品完成到什么程度。

（4）确定每个阶段内的迭代计划，规划 RUP 的 4 个阶段中每次迭代开发的内容。

（5）规划工作流内部结构。工作流涉及角色、活动及制品，它的复杂程度与项目规模即角色多少有关。最后规划工作流的内部结构，通常以活动图的形式给出。

4.4　RUP 开发过程

RUP 中的软件生命周期在时间上被分解为四个顺序的阶段，分别是初始阶段、细化阶段、构造阶段和交付阶段。每个阶段结束于一个主要的里程碑；每个阶段本质上是两个里程碑之间的时间跨度。在每个阶段的结尾执行一次评估，以确定这个阶段的目标是否已经满足。如果评估结果令人满意，则允许项目进入下一阶段。

4.4.1　初始阶段

初始阶段的目标是为系统建立商业案例并确定项目的边界。为了达到该目的，必须识别所有与系统交互的外部实体，在较高层次上定义交互的特性。本阶段具有非常重要的意义，在这个阶段所关注的是整个项目进行中的业务和需求方面的主要风险。对于建立在原有系统基础上的开发项目来讲，初始阶段可能很短。初始阶段结束时是第一个重要的里程碑——生命周期目标里程碑。生命周期目标里程碑用于评价项目基本的生存能力。

4.4.2　细化阶段

细化阶段的目标是分析问题领域，建立健全的体系结构基础，编制项目计划，淘汰项目中风险最高的元素。为了达到该目的，必须在理解整个系统的基础上，对体系结构作出决策，包括其范围、主要功能和诸如性能等非功能性需求。同时为项目建立支持环境，包括创建开发案例，创建模板、准则并准备工具。细化阶段结束时是第二个重要的里程碑——生命周期结构里程碑。生命周期结构里程碑为系统的结构建立了管理基准，并使项目小组能够在构建阶段中进行衡量。此刻，要检验详细的系统目标和范围、结构的选择以及主要风险的解决方案。

4.4.3 构造阶段

在构造阶段，所有剩余的构件和应用程序功能被开发并集成为产品，所有的功能被详细测试。从某种意义上说，构造阶段是一个制造过程，其重点放在管理资源及控制运作上，以优化成本、进度和质量。构造阶段结束时是第三个重要的里程碑——初始功能里程碑。初始功能里程碑决定了产品是否可以在测试环境中进行部署。此刻，要确定软件、环境、用户是否可以开始系统的运作。此时的产品版本也常被称为 Beta 版。

4.4.4 交付阶段

交付阶段的重点是确保软件对最终用户是可用的。交付阶段可以跨越几次迭代，包括为发布做准备的产品测试、基于用户反馈的少量的调整。在生命周期的这一点上，用户反馈应主要集中在产品调整、设置、安装和可用性问题，所有主要的结构问题应该已经在项目生命周期的早期阶段解决了。在交付阶段的终点是第四个里程碑——产品发布里程碑。此时，要确定目标是否实现，是否应该开始另一个开发周期。

4.5 RUP 核心工作流

RUP 中有 9 个核心工作流，分为 6 个核心过程工作流和 3 个核心支持工作流。尽管 6 个核心过程工作流可能使人想起传统瀑布模型中的几个阶段，但应注意迭代过程中的阶段是完全不同的，这些工作流在整个生命周期中一次又一次被访问。9 个核心工作流在项目中被轮流使用，在每一次迭代中以不同的重点和强度重复。

4.5.1 商业建模

商业建模工作流描述了如何为新的目标组织开发一个构想，并基于这个构想在商业用例模型和商业对象模型中定义组织的过程、角色和责任。

4.5.2 需求

需求工作流的目标是描述系统应该做什么，并使开发人员和用户就这一描述达成共识。为了达到该目标，要对需要的功能和约束进行提取、组织、文档化；最重要的是理解系统所解决问题的定义和范围。

4.5.3 分析与设计

分析与设计工作流将需求转化成未来系统的设计，为系统开发一个健壮的结构并调整设计，使其与实现环境相匹配，优化其性能。分析与设计的结果是一个设计模型和一个可选的分析模型。设计模型是源代码的抽象，由设计类和一些描述组成。设计类被组织成具有良好接口的设计包和设计子系统，而描述体现了类的对象如何协同工作实现用例的功能。设计活动以体系结构设计为中心，体系结构由若干结构视图来表达，结构视图是整个设计的抽象和简化，该视图中省略了一些细节，使重要的特点体现得更加清晰。体系结构不仅仅是良好设计模型的承载媒介，而且在系统的开发中能提高被创建模型的质量。

4.5.4 实现

实现工作流的目的包括以层次化的子系统形式定义代码的组织结构；以组件的形式（源文件、二进制文件、可执行文件）实现类和对象；将开发的组件作为单元进行测试以及集成由单个开发者（或小组）所产生的结果，使其成为可执行的系统。

4.5.5 测试

测试工作流要验证对象间的交互作用，验证软件中所有组件的正确集成，检验所有的需求已被正确实现，识别并确认缺陷在软件部署之前被提出并处理。RUP 提出了迭代的方法，这意味着在整个项目中进行测试，从而尽可能早地发现缺陷，从根本上降低了修改缺陷的成本。测试类似于三维模型，分别从可靠性、功能性和系统性能三方面来实施。

4.5.6 部署

部署工作流的目的是成功地生成版本并将软件分发给最终用户。部署工作流描述了那些与确保软件产品对最终用户具有可用性相关的活动，包括软件打包、生成软件本身以外的产品、安装软件、为用户提供帮助。在有些情况下，还可能包括计划和进行 Beta 测试版、移植现有的软件和数据以及正式验收。

4.5.7 配置和变更管理

配置和变更管理工作流描绘了如何在多个成员组成的项目中控制大量的产物。配置和变更管理工作流提供了准则来管理演化系统中的多个变体，跟踪软件创建过程中的版本。工作流描述了如何管理并行开发、分布式开发，如何自动化创建工程。同时阐述了对产品修改原因、时间、人员等保持审计记录。

4.5.8 项目管理

软件项目管理平衡各种可能产生冲突的目标，管理风险，克服各种约束并成功交付使用户满意的产品。其目标包括：为项目的管理提供框架，为计划、人员配备、执行和监控项目提供实用的准则，为管理风险提供框架等。

4.5.9 环境

环境工作流的目的是向软件开发组织提供软件开发环境，包括过程和工具。环境工作流集中于配置项目过程中所需要的活动，同样支持开发项目规范的活动，提供了逐步的指导手册，并介绍了如何在组织中实现过程。

4.6 RUP 的要素和经验

4.6.1 RUP 十大要素

RUP 十大要素包括开发前景、达成计划、标识和减小风险、分配和跟踪任务、检查商业理由、设计组件构架、对产品进行增量式的构建和测试、验证和评价结果、管理和控制变化、提供用户支持。

审视这些要素，可以发现它们能够成为十大要素的理由。

1）开发前景

有一个清晰的前景是开发一个满足涉众真正需求的产品的关键。前景抓住了 RUP 需求流程的要点：分析问题，理解涉众需求，定义系统，当需求变化时管理需求。前景给更详细的技术需求提供了一个高层的、有时候是合同式的基础。正像这个术语隐含的那样，它通常是软件项目一个清晰的、高层的视图，能被过程中任何决策者或者实施者借用。它捕获了非常高层的需求和设计约束，让前景的读者能理解将要开发的系统。它还提供了项目审批流程的输入，因此就与商业理由密切相关。最后，由于前景构成了“项目是什么”和“为什么要进行这个项目”，所以可以把前景作为验证将来决策的方式之一。对前景的陈述应该能回答以下问题（如果需要这些问题还可以分成更小、更详细的问题）：关键术语是什么？（词汇表）尝试解决的问题是什么？（问题陈述）涉众是谁？用户是谁？他们各自的需求是什么？产品的特性是什么？功能性需求是什么？非功能性需求是什么？设计约束是什么？

2）达成计划

在 RUP 中，软件开发计划（SDP）综合了管理项目所需的各种信息，也许包括一些在先期阶段开发的单独的内容。SDP 必须在整个项目中被维护和更新。SDP 定义了项目时间表（包括项目计划和迭代计划）和资源需求（资源和工具），可以根据项目进度表来跟踪项目进展。同时也指导了其他过程内容的计划：项目组织、需求管理计划、配置管理计划、问题解决计划、质量管理计划、测试计划、评估计划以及产品验收计划。

在较简单的项目中，对这些计划的陈述可能只有一两句话。例如，配置管理计划可以简单地这样陈述：每天结束时，项目目录的内容将会被压缩成 ZIP 包，复制到一个 ZIP 磁盘中，加上日期和版本标签，放到中央档案柜中。软件开发计划的格式远远没有计划活动本身以及驱动这些活动的思想重要。正如 D.Eisenhower 所说：“plan 什么也不是，planning 才是一切。”“达成计划”抓住了 RUP 中项目管理流程的要点。项目管理流程包括构思项目、评估项目规模和风险、监测与控制项目、计划和评估每个迭代和阶段。

3）标识和减小风险

RUP 的要点之一是在项目早期就标识并处理最大的风险。项目组标识的每一个风险都应该有一个相应的缓解或解决计划。风险列表应该既作为项目活动的计划工具，又作为确定迭代的基础。

4）分配和跟踪任务

有一点在任何项目中都是重要的，即连续的分析来源于正在进行的活动和进化的产品的客观数据。在 RUP 中，定期的项目状态评估提供了讲述、交流和解决管理问题、技术问题以及项目风险的机制。团队一旦发现这些障碍物，就把所有问题都指定一个负责人，并指定解决日期。进度应该定期跟踪，如有必要，更新应该被发布。这些项目“快照”突出了需要引起管理员注意的问题。随着时间的变化，定期的评估使经理能捕获项目的历史，并且消除任何限制进度的障碍或瓶颈。

5）检查商业理由

商业理由从商业的角度提供了必要的信息，以决定一个项目是否值得投资。商业理由还可以帮助开发一个实现项目前景所需的经济计划。它提供了进行项目的理由，并建立了经济约束。当项目继续时，分析人员用商业理由来正确地估算投资回报率。商业理由应该给项目创建一个简短而引人注目的理由，而不是深入研究问题的细节，以使所有项目成员容易理解和记住它。在关键里程碑处，经理应该回顾商业理由，计算实际的花费、预计的回报，并决定项目是否继续进行。

6）设计组件构架

在RUP中，组件系统的构架是指一个系统关键部件的组织或结构，部件之间通过接口交互，而部件是由一些更小的部件和接口组成的。即主要的部分是什么？它们是怎样结合在一起的？RUP提供了一种设计、开发、验证构架的系统方法。在分析和设计流程中包括以下步骤：定义候选构架、精化构架、分析行为（用例分析）、设计组件。要陈述和讨论软件构架，必须先创建一个构架表示方式，以便描述构架的重要方面。在RUP中，构架表示由软件构架文档捕获，它给构架提供了多个视图。每个视图都描述了某一组涉众所关心的正在进行的系统的某个方面。涉众有最终用户、设计人员、经理、系统工程师、系统管理员等。这个文档使系统构架师和其他项目组成员能就与构架相关的重大决策进行有效的交流。

7）对产品进行增量式的构建和测试

在RUP中实现和测试流程的要点是在整个项目生命周期中增量的编码、构建、测试系统组件，在先启之后每个迭代结束时生成可执行版本。在精化阶段后期，已经有了一个可用于评估的构架原型；如有必要，它可以包括一个用户界面原型。然后，在构建阶段的每次迭代中，组件不断地被集成到可执行、经过测试的版本中，不断地向最终产品进化。动态及时地部署管理和复审活动也是这个基本过程元素的关键。

8）验证和评价结果

顾名思义，RUP的迭代评估捕获了迭代的结果。评估决定了迭代满足评价标准的程度，还包括学到的教训和实施的过程改进。根据项目的规模和风险以及迭代的特点，评估可以是对演示及其结果的一条简单的记录，也可以是一个完整的、正式的测试复审记录。其关键是既关注过程问题又关注产品问题。越早发现问题，就越没有问题。

9）管理和控制变化

RUP的配置和变更管理流程的要点是当变化发生时管理和控制项目的规模，并且贯穿整个生命周期。其目的是考虑所有的涉众需求，尽可能地满足同时并能及时交付合格的产品。用户拿到产品的第一个原型后（往往在这之前就会要求变更），他们会要求变更。重要的是，变更的提出和管理过程始终保持一致。在RUP中，变更请求通常用于记录和跟踪缺陷和增强功能的要求，或者对产品提出的任何其他类型的变更请求。变更请求提供了相应的手段来评估一个变更的潜在影响，同时记录这些变更所作出的决策。它们也帮助确保所有的项目组成员都能理解变更的潜在影响。

10）提供用户支持

在RUP中，部署流程的要点是包装和交付产品，同时交付有助于最终用户学习、使用和维护产品的任何必要的材料。项目组至少要给用户提供一个用户指南（也许是通过联机帮助的方式提供），可能还有一个安装指南和版本发布说明。根据产品的复杂度，用户也许还需要相应的培训材料。最后，通过一个材料清单清楚地记录应该和产品一起交付哪些材料。

4.6.2　RUP 六大经验

RUP 带来的六大经验如下。

1）迭代式开发

在软件开发的早期阶段就想完全、准确地捕获用户的需求几乎是不可能的。实际上，人们经常遇到的问题是需求在整个软件开发工程中经常会改变。迭代式开发允许在每次迭代过程中需求可能有变化，通过不断细化来加深对问题的理解。迭代式开发不仅可以降低项目的风险，而且每个迭代过程都可以执行版本原型，这样可以鼓舞开发人员。

RUP 的开发过程建立在一系列迭代之上，每次迭代都有一个固定的时间限制（如四个星期），称为时间盒，每次迭代结束的时候都发布一个稳定的小版本，该版本是最终系统的子集。时间盒是迭代开发中的关键概念，它意味着迭代周期的期限是固定的，如果目标没有完成，则放弃本次迭代的需求，而不是延长迭代的时间。

2）管理需求

确定系统的需求是一个连续的过程，开发人员在开发系统之前不可能完全详细地说明一个系统的真正需求。RUP 描述了如何提取、组织系统的功能和约束条件并将其文档化，用例和场景的使用已被证明是捕获功能性需求的有效方法。

3）体系结构

组件使重用成为可能，系统可以由组件组成。基于独立的、可替换的、模块化组件的体系结构有助于降低管理复杂性，提高重用率。RUP 描述了如何设计一个有弹性的、能适应变化的、易于理解的、有助于重用的软件体系结构。

4）可视化建模

RUP 往往和 UML 联系在一起，对软件系统建立可视化模型，帮助人们提供管理软件复杂性的能力。RUP 告诉人们如何可视化地对软件系统建模，获取有关体系结构中组件的结构和行为信息。

5）验证软件质量

在 RUP 中软件质量评估不再是事后进行或单独小组进行的分离活动，而是内建于过程中的所有活动，这样可以及早发现软件中的缺陷。

6）控制软件变更

迭代式开发中如果没有严格的控制和协调，整个软件开发过程很快就会陷入混乱之中，RUP 描述了如何控制、跟踪、监控、修改软件，以确保成功地迭代开发。RUP 通过软件开发过程中的制品隔离来自其他工作空间的变更，以此为每个开发人员建立安全的工作空间。

4.6.3　RUP 的优势不足

RUP 具有很多优势：提高了团队生产力，在迭代的开发过程、需求管理、基于组件的体系结构、可视化软件建模、验证软件质量及控制软件变更等方面，针对所有关键的开发活动为每个开发成员提供了必要的准则、模板和工具指导，并确保全体成员共享相同的知识基础。它建立了简洁和清晰的过程结构，为开发过程提供较大的通用性。

它也存在一些不足：RUP 只是一个开发过程，并没有涵盖软件过程的全部内容，例如，它缺少关于软件运行和支持等方面的内容。此外，它没有支持多项目的开发结构，这在一定程度上降低了在开发组织内大范围实现重用的可能性。可以说 RUP 是一个非常好的开端，但并不完美，在实际应用中可以根据需要对其进行改进，并可以用 OPEN 和 OOSP 等其他软件过程的相关内容对 RUP 进行补充和完善。

第 5 章　Rational Rose 建模工具

工欲善其事，必先利其器。在软件开发过程中好的开发工具可以节省软件开发人员的时间，提高效率。UML 可以帮助软件系统建模，但建模过程烦琐，产生的文档也数量可观，Rose 等建模工具可以帮助用户画图、整理文档，甚至能自动产生 Java\C++等伪代码。

如何选择绘图工具？

本章知识要点

（1）建模工具产生的原因有哪些？

（2）不同建模工具应如何选择？

兴趣实践

开源工具有哪些？

探索思考

自己可以尝试做画图工具吗？需要考虑哪些因素？

预习准备

复习传统软件工程方法所使用的画图工具。

5.1　常用的 UML 建模工具概述

使用建模语言需要相应的工具支持，即使人工在白板上画好了模型的草图，建模者也需要使用工具支持，因为模型中很多图的维护、同步和一致性检查等工作，人工做起来几乎是不可能的。

建模工具又称 CASE 工具，其中许多 CASE 工具几乎和画图工具一样，仅提供了建模语言和很少的一致性检查。经过人们不断地改进，今天的 CASE 工具正在接近图的原始视觉效果，Rational Rose 工具就是一种比较现代的建模工具。

图书馆管理手机平台是如何开发的?需要哪些工具？

市场上大量商业的或开源的 UML 计算机辅助软件工程工具有 Rational Rose、RSA、PowerDesign、Visio、Visual Paradigm for UML、Prosa UML、Together、Visual UML、Object Domain UML、Magic Draw UML 等。

大部分 CASE 工具都给软件开发者提供了一整套可视化建模工具，包括系统建模、模型集成、软件系统测试、软件文档的生成、从模型生成代码的正向工程、从代码生成模型的逆向工程、软件开发的项目管理、团队开发管理等，为关于客户机/服务器、分布式、实时系统环境等真正的商业需求提供了稳健的、有效的解决方案。本章我们主要介绍 Rational Rose。

工具的区别和选用准则有哪些？是否适合系统及环境才是最好的？

5.1.1 Rational Rose

Rational Rose 是 IBM 公司开发的直接从 UML 发展而来的设计工具，是一种基于 UML 的建模工具。在面向对象应用程序开发领域，Rational Rose 是影响其发展的一个重要因素。Rational Rose 自推出以来就受到了业界的广泛关注，并一直引领着可视化建模工具的发展。越来越多的软件公司和开发团队开始或者已经采用 Rational Rose，用于大型项目开发的分析、建模与设计等方面。

从使用的角度分析，Rational Rose 易于使用，支持使用多种构件和多种语言的复杂系统建模；利用双向工程技术可以实现迭代式开发；团队管理特性支持大型、复杂的项目和大型而且通常队员分散在各个不同地方的开发团队。同时，Rational Rose 与微软 Visual Studio 系列工具中 GUI 的完美结合所带来的方便性，使得它成为绝大多数开发人员的首选建模工具；Rose 还是市场上第一个提供对基于 UML 的数据建模和 Web 建模支持的工具。此外，Rose 还为其他一些领域提供了支持，如用户定制和产品性能改进。

在 Rational Rose 中，从 UML 模型生成 Java 源代码很方便，步骤如下。

（1）将 Java 类分配给模型中的 Java 组件。

（2）检查语法（可选）。

（3）检查类路径。

（4）设置影响代码生成的项目属性（可选）。

（5）备份源代码。

（6）从模型生成 Java 源代码。

（7）查看并编辑所产生的源代码。

从 Java 代码生成 UML 模型的步骤如下。

（1）如果是更新一个已经存在的模型，应先是打开模型。

（2）选择 Tools→Java→Reverse Engineer Java 菜单项。

（3）从目录结构选择包含要进行逆向工程的文件的目录。

（4）设置 Filter 域，显示需要进行逆向工程的 Java 文件的类型。

（5）将所选类型的 Java 文件添加到所选文件列表中。

（6）确认需要进行逆向工程的文件。

（7）从所规定的 Java 文件生成模型或更新已有的模型。

（8）打开日志窗口检查发生的错误列表。

5.1.2 RSA

RSA 是一个基于 UML 2.1 的可视化建模和架构设计工具。RSA 构建在 Eclipse 开源框架之上，它具备了可视化建模和模型驱动开发（model-driven development）的能力。无论普通的分布式应用还是 Web 服务，这个工具都是适用的。

它主要用于设计、编写、构建并管理以目标为导向的软件系统，支持用户案例、商务流程模式以及动态的图表、分类、界面、协作、结构以及物理模型。此外，它还支持 C++、Java、Visual Basic、Delphi、C#及 VB.NET。

5.1.3　PowerDesingner

PowerDesigner 是对数据库建模而发展起来的一种数据库建模工具。直到 7.0 版本才开始了对面向对象的开发支持，后来又引入了对 UML 的支持。但是由于 PowerDesigner 侧重点不一样，所以它对数据库建模的支持很好，支持市面上 90%左右的数据库，对 UML 的建模各种图的支持比较滞后，但是最近得到加强。所以使用它来进行 UML 开发的并不多，很多人都是用它来作为数据库的建模。如果使用 UML 分析，它的优点是生成代码时对 Sybase 的产品 PowerBuilder 的支持很好（其他 UML 建模工具则没有或者需要一定的插件），对其他面向对象语言（如 C++、Java、VB，C#等）支持也不错，对中文的支持还存在一些问题。

5.1.4　Visio

UML 建模工具 Visio 是 Microsoft Office 产品之一，原来只是一种画图工具，能够用来描述各种图形（从电路图到房屋结构图），也是到 Visio 2000 才开始引进软件分析设计功能到代码生成的全部功能，它可以说是目前最能够用图形方式来表达各种商业图形用途的工具（对软件开发中的 UML 支持只是其中很少的一部分）。它与微软的 Office 产品能够很好地兼容，能够把图形直接复制或者内嵌到 Word 的文档中。但是对于代码的生成更多的是支持微软的产品，如 VB、VC++、MS SQL Server 等，用于图形语义的描述比较方便，但是用于软件开发过程的迭代开发方面比较简单。

如果开发一个电动车充电应用程序，如何完成电动车的 GPS 定位？

5.2　Rational Rose 说明

5.2.1　基本操作步骤

下面简单介绍如何使用 Rational Rose 工具创建用例图。

使用 Rational Rose 创建用例（use case）图的步骤如下。

（1）右击 Browser 框中的 Use Case View 包，弹出快捷菜单。

（2）选择 New→Use Case 命令（见图 5-1）。

（3）输入用例的名字（如出错，可用 Rename 命令更改）。

（4）如果文档窗口不可见，那么选择屏幕上方的 View→Documentation 菜单命令。

（5）在 Browser 框中选中所需用例。

（6）将光标置于文档窗口，输入相应文档。

上面是创建用例图的基本操作步骤，其他几种图的创建方法类似，记住相应的单词即可。

5.2.2 具体操作说明

1. 用例图

（1）双击 Browser 框中的 Use Case View 包中的 Main 条目，打开主用例图。

（2）单击选中 Browser 框中的执行者，并将其拖到主用例图中（见图 5-2）。

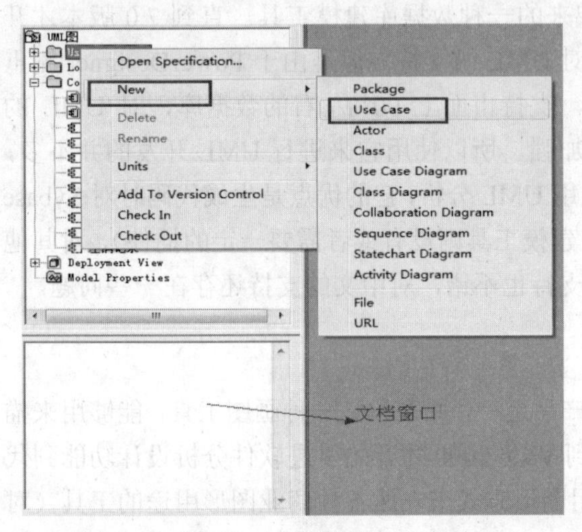

图 5-1 画用例图

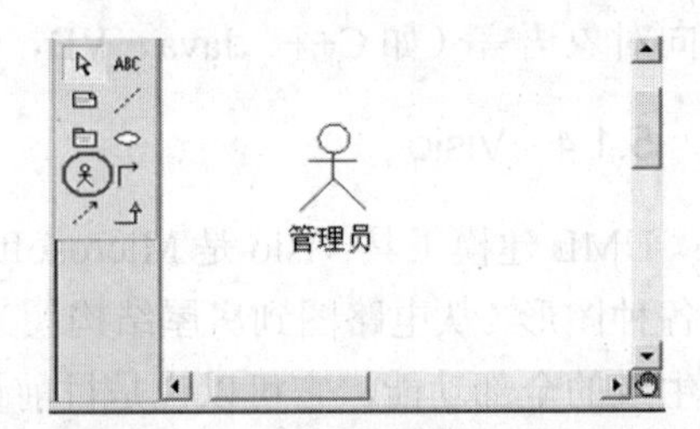

图 5-2 单击、拖拉角色和用例

（3）重复第（2）步，直到完成所需的工作为止。

（4）单击选中 Browser 框中的用例，并将其拖到主用例图中。

（5）重复第（4）步，直到完成所需的工作为止。

（6）在工具条中选择单向关联（unidirectional association）图标。

（7）单击一个执行者，并将其拖到相应的用例上；或单击一个用例，并将其拖到相应的执行者上。

银行系统简单用例图如图 5-3 所示。

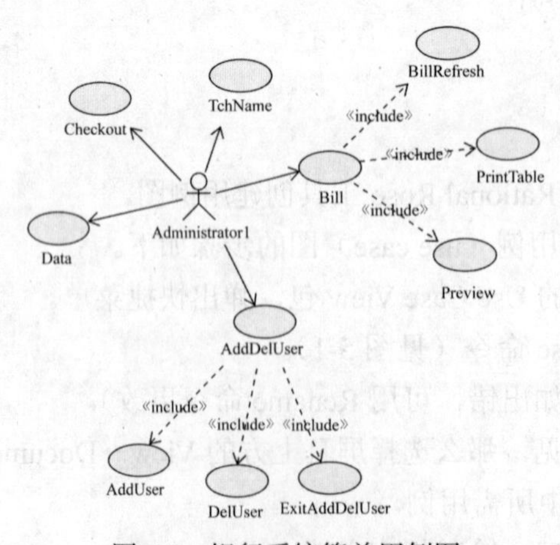

图 5-3 银行系统简单用例图

2. 类图

创建类图的方法如图 5-4 所示。

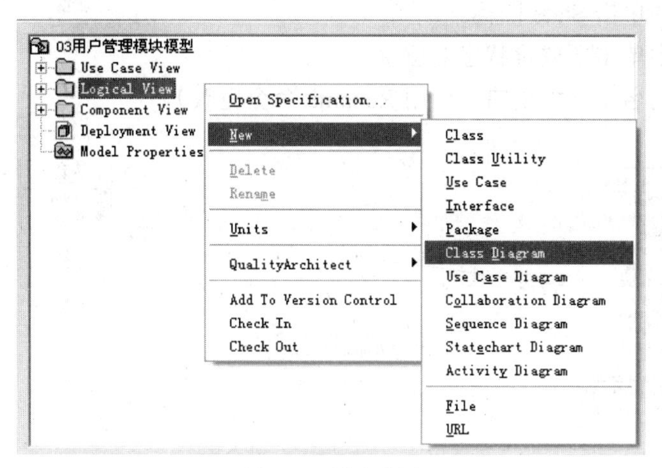

图 5-4　创建类图

创建类的属性和方法的步骤如下。

（1）创建一个最基本的类（含有类的名称即可）。

（2）右击刚刚创建好的类从弹出的快捷菜单中选择 New Attribute 即可创建类的属性，如图 5-5（a）所示。

（3）右击刚刚创建好的类从弹出的快捷菜单中选择 New Operation 即可创建类的方法，如图 5-5（b）所示。

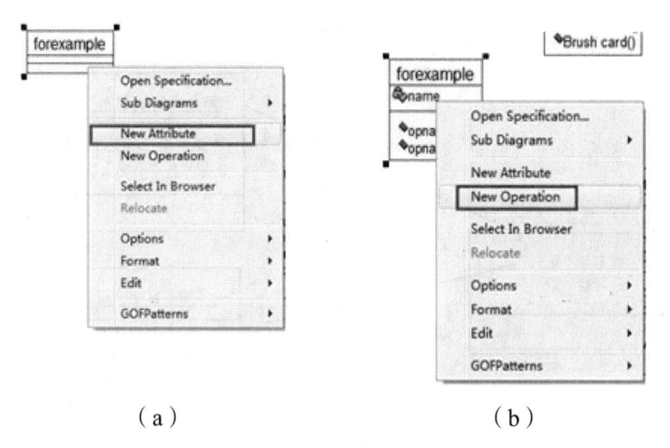

（a）　　　　　　（b）

图 5-5　为类增加属性和方法

银行系统类图如图 5-6 所示。

3. 对象图

与创建类图相似，其中的一个区别是在对象名的下面要有下划线，如图 5-7 所示。

4. 状态图

1）创建状态

（1）在工具条中单击 State 图标。

（2）在状态图中单击要放置状态的位置。

（3）输入状态的名字（如出错，可用 Rename 命令更改）。

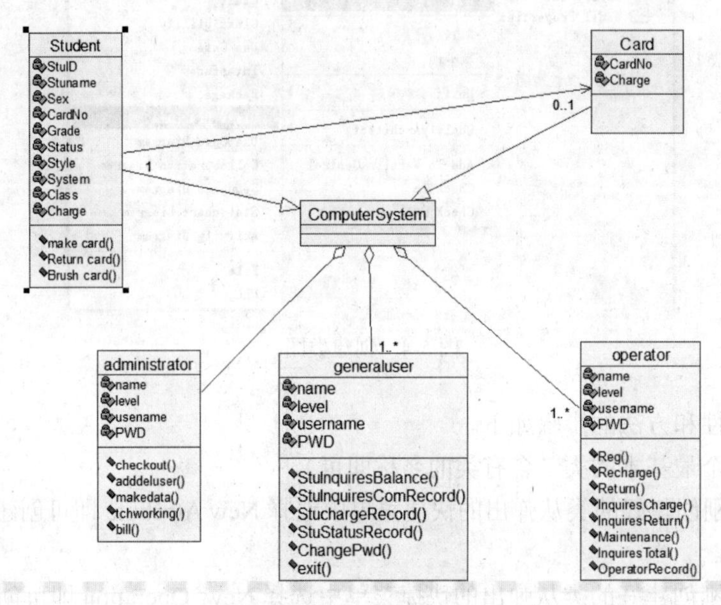

图 5-6 银行系统类图

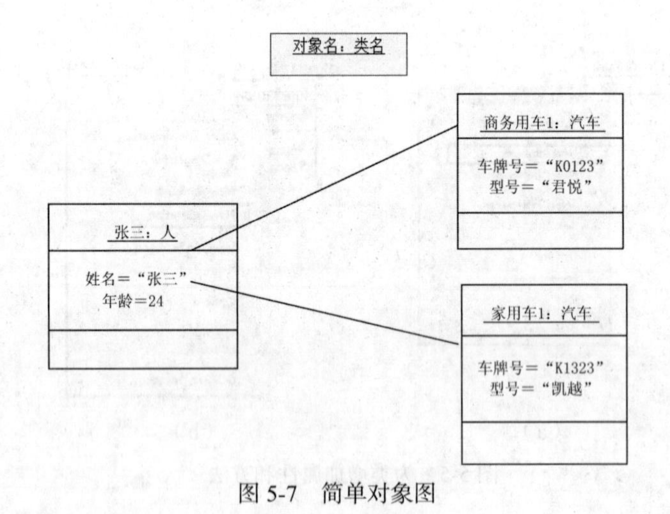

图 5-7 简单对象图

2）创建状态转换

（1）在工具条中单击 State Transitions 图标。

（2）单击起始状态，并拖至下一个状态。

（3）输入状态转换的名字（如出错，可用 Rename 命令更改）。

3）创建起始状态

（1）在工具条中单击 Start 图标。

（2）在状态图中单击要放置起始状态的位置。

（3）用状态转换线进行连接。

4）创建结束状态

（1）在工具条中单击 Stop 图标。

（2）在状态图中单击要放置结束状态的位置。

（3）用状态转换线进行连接。

例如，银行系统的简单状态图如图 5-8 所示。

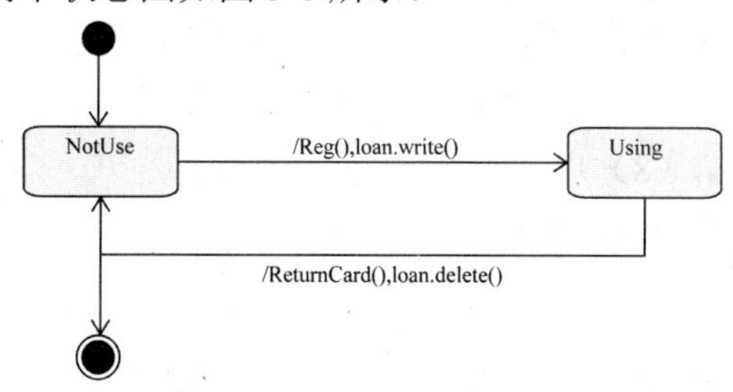

图 5-8 银行系统简单状态图

5. 活动图

创建活动图的步骤如下。

（1）创建活动。

（2）创建决策点。

（3）创建同步条。

（4）创建起始活动和终止活动。

例，学生上机记录查询的活动图如图 5-9 所示。

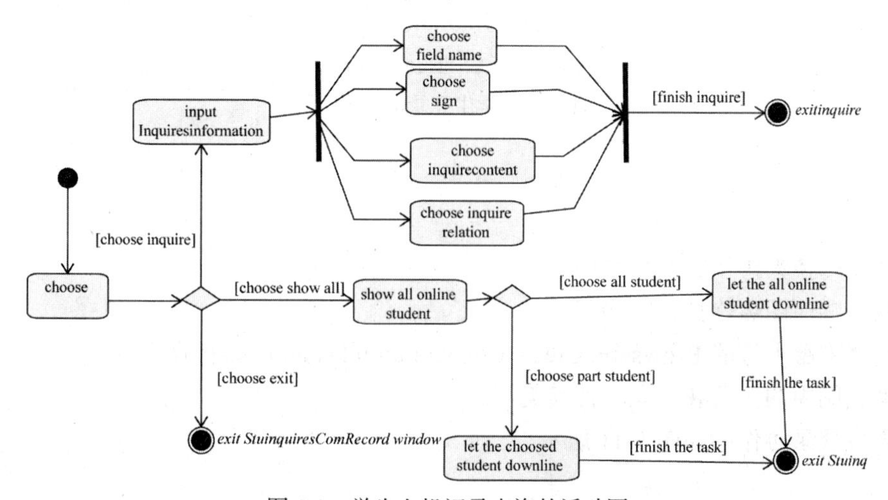

图 5-9 学生上机记录查询的活动图

6. 顺序图

创建对象和信息的步骤如下。

（1）双击顺序图名称打开顺序图。

（2）将 Browser 框 Use Case View 包中的执行者拖入图中。

（3）选择工具条中的 Object 图标。

（4）单击图中放置对象的位置，并输入相应的名字。

（5）重复第（3）步骤第（4）步。

（6）选择工具条中的 Object Message 图标。

（7）从信息发出者拖至信息接收者。

（8）输入信息的名字。

（9）重复第（6）步～第（8）步。

例，学生登录活动图如图 5-10 所示。

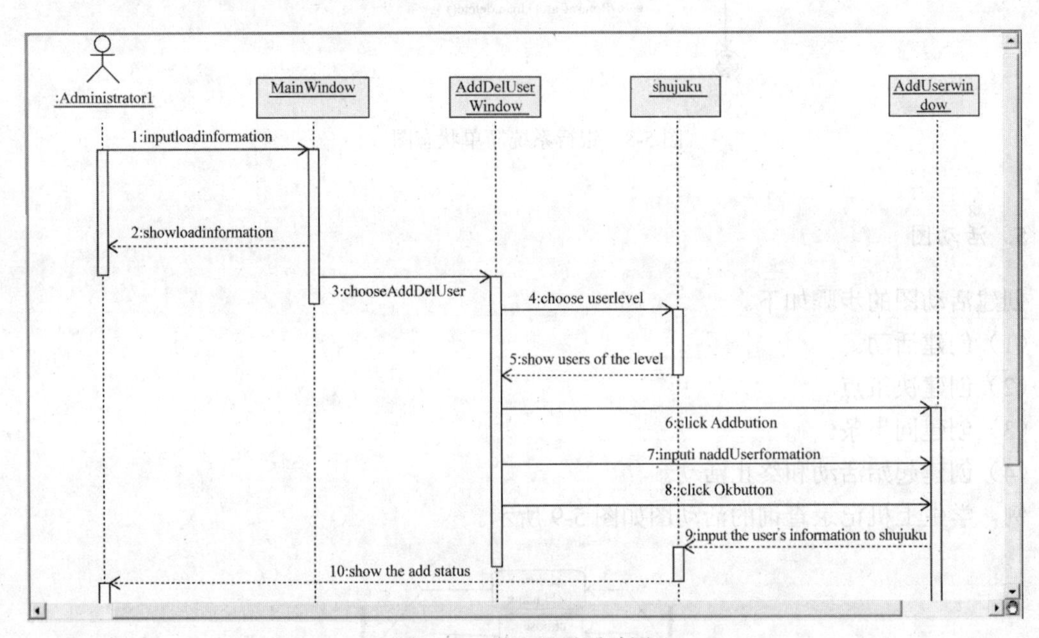

图 5-10　学生登录活动图

7. 协作图

将顺序图转换为协作图的方法如下。

（1）双击顺序图名称打开顺序图。

（2）选择屏幕上方的 Browser→Create Collaboration Diagram 菜单命令。

（3）调整图中的对象和信息，使其美观。

例，学生登录协作图如图 5-11 所示。

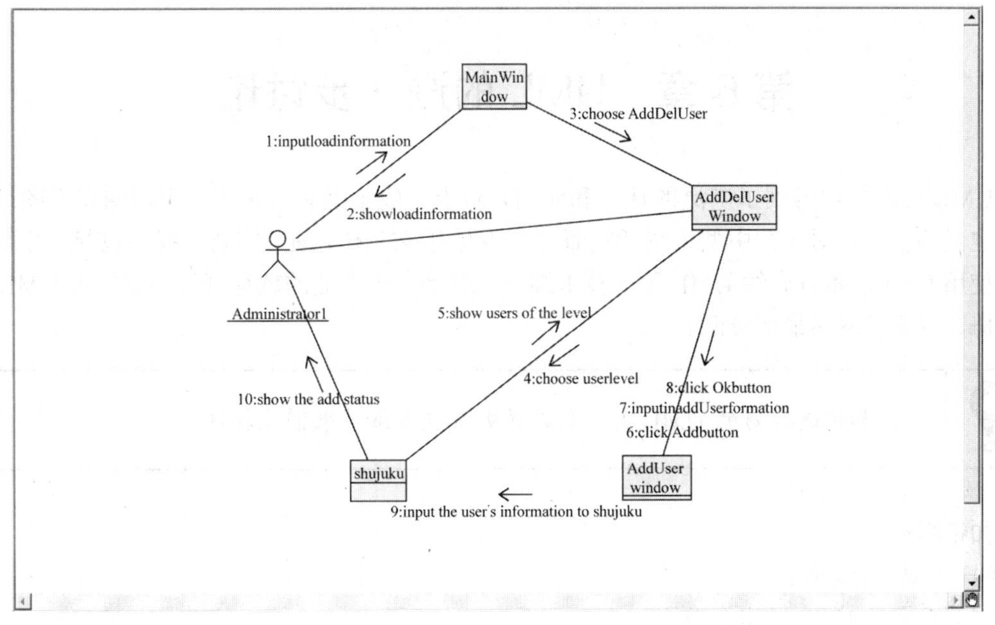

图 5-11 学生登录协作图

8. 组件图

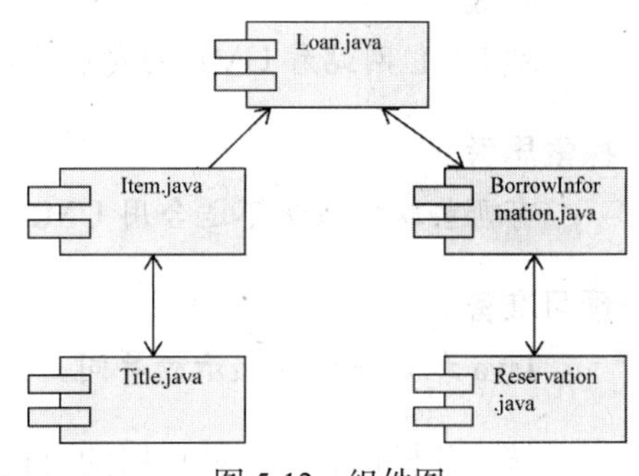

图 5-12 组件图

创建组件图（图 5-12）的步骤如下。

（1）双击 Main 构件图中的包，打开图形。

（2）在工具条中选择 Component 图标。

（3）单击图中某一位置放置构件。

（4）输入构件名称。

（5）创建依赖关系。

9. 部署图

创建部署图的步骤如下。

（1）双击 Browser 框中的部署图（图 5-13）。

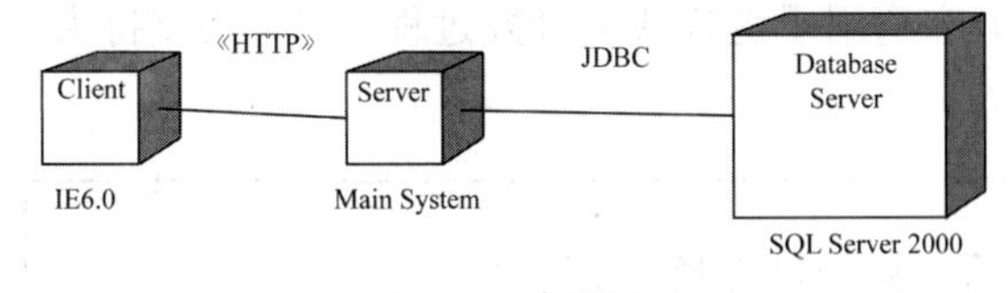

图 5-13 部署图

（2）选择工具条中的 Processor 图标，并单击图中某一位置。

（3）输入节点的名字。

（4）选择工具条中的 Connection 图标。

（5）单击某一节点，拖至另一节点。

（6）选择工具条中的 Text 图标。

（7）在相应节点下写上文字。

第 6 章　UML 的进一步讨论

UML 在产生后得到了广泛的认可和应用，对于一般小型系统来说，用例图和类图最重要，也足够了，但对于大中型系统开发而言，还有更多的图及细节需要掌握并完善，才能更好地使用 UML。本章介绍 UML 更多技术细节，但是，更专业的软件开发还要参考 UML 最新手册、说明及网站最新资源。

如何选择好的 UML 图形及选择更多技术细节来描述软件系统？

本章知识要点

（1）UML 的发展。

（2）更多的 UML 技术细节。

兴趣实践

到 UML 网站看 UML 的发展方向。

探索思考

有哪些软件系统不适合用 UML 表达或者 UML 不能完全描述？

预习准备

Java 和 C++中类表示的异同。

统一建模语言是一种通用的可视化建模语言，用于对软件进行描述、可视化处理、构造和建立软件系统制品的文档。UML 适用于各种软件开发方法、软件生命周期的各个阶段、各种应用领域以及各种开发工具，UML 是一种总结了以往建模技术的经验并吸收当今优秀成果的标准建模方法。UML 包括概念的语义、表示法和说明，提供了静态、动态、系统环境及组织结构的模型。它可被交互的可视化建模工具所支持，这些工具提供了代码生成器和报表生成器。UML 并没有定义一种标准的开发过程，它适用于迭代式的开发过程。它是为支持大部分现存的面向对象开发过程而设计的。

UML 中等价的图有必要存在吗？应如何选择？

6.1　UML 更多细节

6.1.1　用例图细节

用例图是被称为参与者的外部用户所能观察到的系统功能的模型图。用例是系统中的一个功能单元，可以被描述为参与者与系统之间的一次交互作用。用例模型的用途是列出系统中的用例和参与者，并显示哪个参与者参与了哪个用例的执行。在交互视图中，用例作为交互图中的一次协作来实现。

用例图在三个领域很有作用。

（1）决定特征（需求）。当系统已经分析好并且设计成型时，新的用例产生新的需求。

（2）客户通信。使用用例图很容易表示开发者与客户之间的联系。

（3）产生测试用例。一个用例的场景可能产生这些场景的一批测试用例。

用例图描述了一个外部观察者对系统的印象。用例图与场景密切相关。场景是指当某个具体的对象与系统进行互动时发生的情况。下面是一个医院门诊部的场景：一位患者打电话给门诊部预约一年一次的身体检查。接待员在预约记录本上找出最近的可预约时间，登记预约并记上那个时间的预约记录。

用例是为了完成一项工作或者达到一个目的的一系列场景的总和。角色是发动与这项工作有关的事件的人或者事情。角色简单地扮演着人或者对象的作用。图 6-1 是一个门诊部预约 Make Appointment 用例。角色是患者。角色与用例的联系是通信联系。

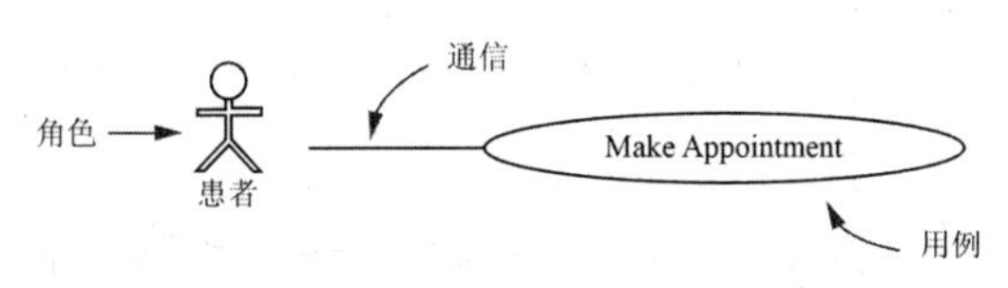

图 6-1　患者预约用例图

图 6-1 中，角色是人形的图标，用例是一个椭圆，通信是连接角色和用例的线。

用例也可以有不同的层次。用例可以用其他更简单的用例进行说明。

从原则上讲，用例之间都是并列的，它们之间并不存在包含从属关系。但是从保证用例模型的可维护性和一致性角度来看，可以在用例之间抽象出包含（include）、扩展（extend）和泛化（generalization）几种关系。

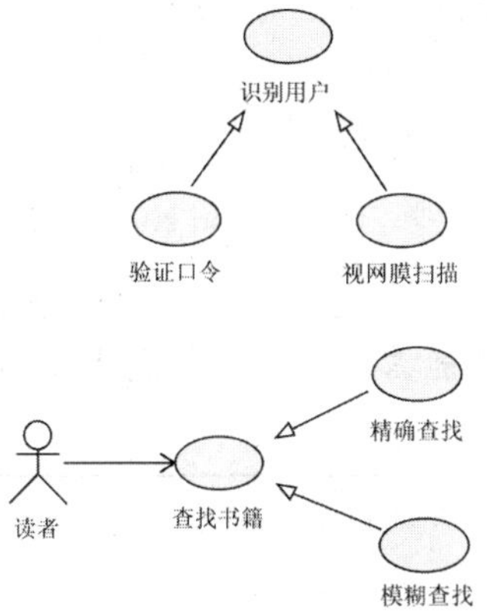

图 6-2　用例图的泛化关系

1. 泛化关系

当多个用例共同拥有一种类似的结构和行为的时候，可以将它们的共性抽象为父用例，其他用例作为泛化关系中的子用例。在用例的泛化关系中，子用例是父用例的一种特殊形式，子用例继承了父用例所有的结构、行为和关系，还可以添加自己的行为或覆盖已继承的行为，如图 6-2 所示。

2. 包含关系

包含是指基础用例会用到被包含用例，具体地讲，就是将被包含用例的事件流插入基础用例的事件流中。被包含用例是可重用的用例，即多个用例的公共用例，如图 6-3 所示。

3. 扩展关系

假设基础用例中定义有一至多个已命名的扩展点，扩展关系是指将扩展用例的事件流在一定的条件下按照相应的扩展点插入基础用例中，如图 6-4 所示。如果基础用例是一个很复杂的用例，则选用扩展关系将某些业务抽象成单独的用例，以降低基础用例的复杂性。

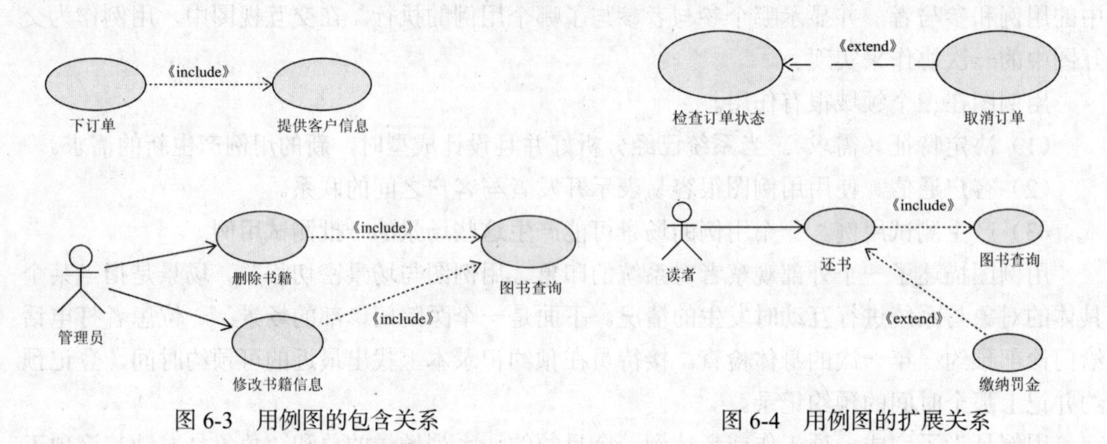

图 6-3 用例图的包含关系　　　　图 6-4 用例图的扩展关系

一个用例图是角色、用例和它们之间的联系的集合。一个单独的用例可以有多个角色。用例 Make Appointment 是含有四个角色和四个用例的图的一部分（见图 6-5）。

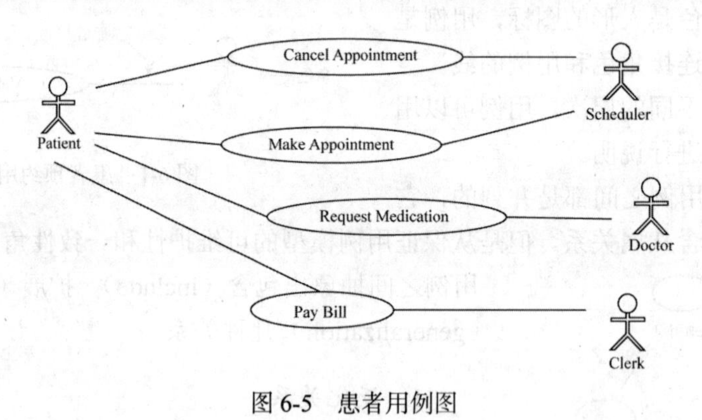

图 6-5 患者用例图

如果开发一个健身俱乐部应用，除了一般功能需求，你能想到更多的需求吗？

6.1.2 类图细节

静态视图对应用领域中的概念以及与系统实现有关的内部概念建模。这种视图之所以被称为是静态的，是因为它不描述与时间有关的系统行为，这种行为在其他视图中进行描述。静态视图主要是由类及类间的相互关系构成。一个类是应用领域或应用解决方案中概念的描述。类图是以类为中心来组织的，类图通过显示出系统的类以及这些类之间的关系来表示系统。

在类图中，类用矩形框表示，它的属性和操作分别列在分格中。类名是不可省略的，而其他部分是可以省去的。 类名的书写要规范化：正体字类是实例化的，斜体字类是抽象类。一个类可能出现在多个图中。同一个类的属性和操作只在一种图中列出，在其他图中可省略。

接口（interface）实际上是一些操作集，它是类所能提供服务的集合。它和 Java 中的接口类型相对应。接口有两种表示方式。具体的画法如下。

画法一见图 6-6。画法二见图 6-7。

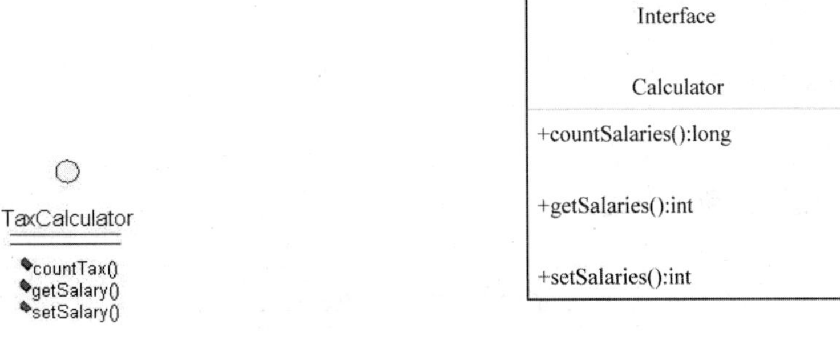

图 6-6　画法一　　　　图 6-7　画法二

类之间的关系常见的有关联关系、一般化关系、实现关系和依赖关系。关系用类框之间的连线表示，不同的关系用连线上和连线端头处的修饰符来区别。

1. 关联（association）

关联指明了一个事物的对象与另一个事物的对象间的关系。一个类可以使用另一个类的属性和方法。在图形上，关联用一条实线表示，它可能有方向，偶尔在其上还有一个标记。例如，读者可以去图书馆借书、还书，图书管理员可以管理书籍，也可以管理读者的信息，显然在读者、书籍、管理员之间存在某种联系。那么在用 UML 设计类图的时候，就可以在读者、书籍、管理员三个类之间建立关联。

关联可以是双向的也可以单向的。双向中的箭头是可以选择的，单向的箭头是遍历或查询所用的方向。在 Java 中，主要用实例变量的方式实现它们之间的关联，同时也可用附加的基数来表示类与类之间对应的数目。常见的基数如表 6-1 所示。

表 6-1　常见的基数

基数	含义
0..1	零个或一个
0..*或者*	无限制，任意多个
1	有且仅有一个
1..*	大于等于一个

关联可表现为图 6-8 所示形式（因为一个关联很可能是聚合或合成关系）。

UserGroup　1　　1..n　UserRole

图 6-8　类图的关联

聚合（aggregation）是关联的某种形式，表示两个类之间整体和局部关系。聚合表示整体在概念上比局部更高的一个级别，而关联表示两个类在概念上处于同样的级别。在 Java 中，聚合同样是利用实例变量来实现的。关联和聚合的主要区别集中在概念上，在 Java 的语法中是没有区别的。

例如，汽车与轮胎之间的关系能很好地说明这个问题。

```
public class Car
{
   private Tyres tyres;
}
public class Tyres
{
}
```

聚合可表现为图 6-9 所示形式。

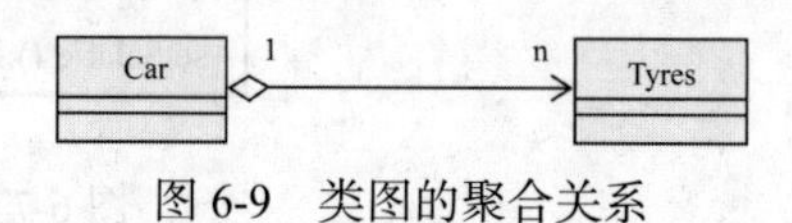

图 6-9　类图的聚合关系

合成（composition）是聚合的一种特殊形式，表示“局部”在“整体”内的“职责”。因为合成关系是不能被共享的，所以局部不一定要随着整体的销毁而销毁，但是整体或者负责局部的生存和活动状态，或者负责将它销毁。局部不可能与其他整体共享。可是，整体可以将所有权转让给另一个对象，后者将立即承担职责。

例如，人和腿就是这样一个例子。

```
public class Man
{
   private Legs legs;
}
public class Legs
{
}
```

合成可表现为图 6-10 所示形式。

图 6-10　类图的合成关系

2. 一般化关系（generalization）

一般化关系也称泛化关系。泛化是一种特殊一般关系，是一般事物（父类）和该事物较为特殊的种类（子类）之间的关系，子类继承父类的属性和操作，除此之外，子类通常还添加新的属性和操作。这种关系中是用箭头从子类指向基类的。在 Java 中，用关键字 extends 表示泛化关系。

例如：

```
public abstract class Student
{
}
public class Doctor extends Student
  {
```

```
}
```

如图 6-11 所示为一个类图泛化关系的例子。

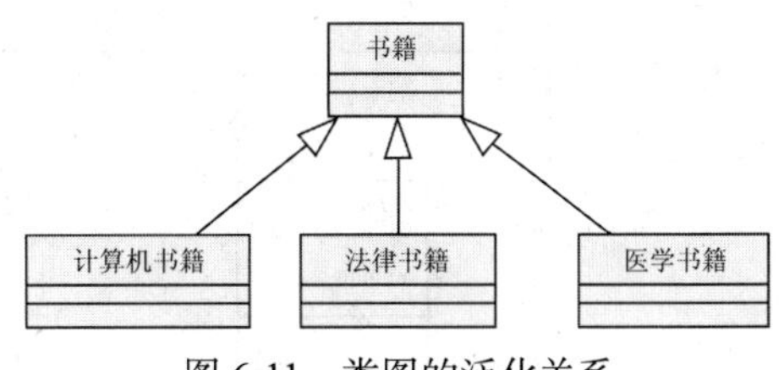

图 6-11　类图的泛化关系

3. 实现（realization）

实现关系将一种模型元素（如类）与另一种模型元素（如接口）连接起来，其中接口只是行为的定义而不是实现，也就是说，关系中的一个模型元素只具有行为的定义，而行为的具体实现则是由另一个模型元素给出。在两种情况下要用到实现关系：一种是在接口和实现它们的类或组件之间，另一种是在用例和实现它们的协作之间。

实现关系由实现类指向另一个被实现的接口。

在 Java 中，用 implements 表示实现关系。如图 6-12 所示为类图的实现关系。

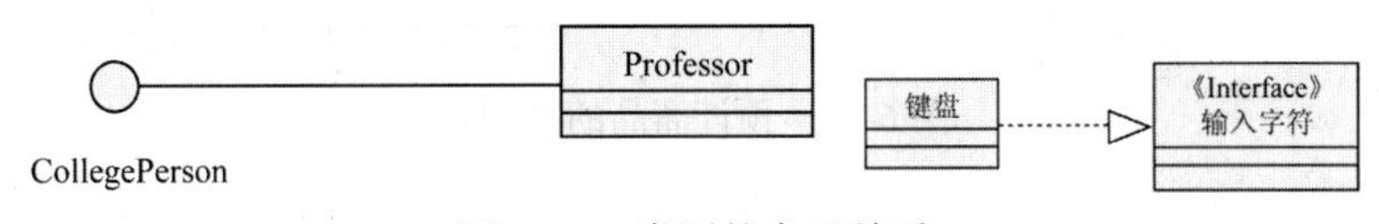

图 6-12　类图的实现关系

4. 依赖（dependency）

依赖也是类与类之间的关联，且依赖是单向的。依赖是两个事物间的语义关系，其中一个事物（独立事物）发生变化，会影响到另一个事物（依赖事物）的语义。在图形上，把一个依赖关系画成一条可能有方向的虚线，偶尔在其上还有一个标记。

也可用“依赖”表示包与包之间的关系。由于包中有类，所以可根据包中的类与类之间的关系来表示包与包之间的关系。

例如，给某个雇员计算薪水，要使用计算器：

```
public class Employee
{
    public void Salary(Calculator Salaries)
    {
    }
}
```

依赖可表现为如图 6-13 所示形式。

图 6-13　类图的依赖关系

下面是一个顾客从零售商处预订商品的模型的类图。中心的类是 Order。连接它的是购买货物的 Customer 和 Payment。Payment 有三种形式：Cash、Check 或者 Credit。订单包括 OrderDetail（line item），每个这种类都连着 Item，如图 6-14 所示。

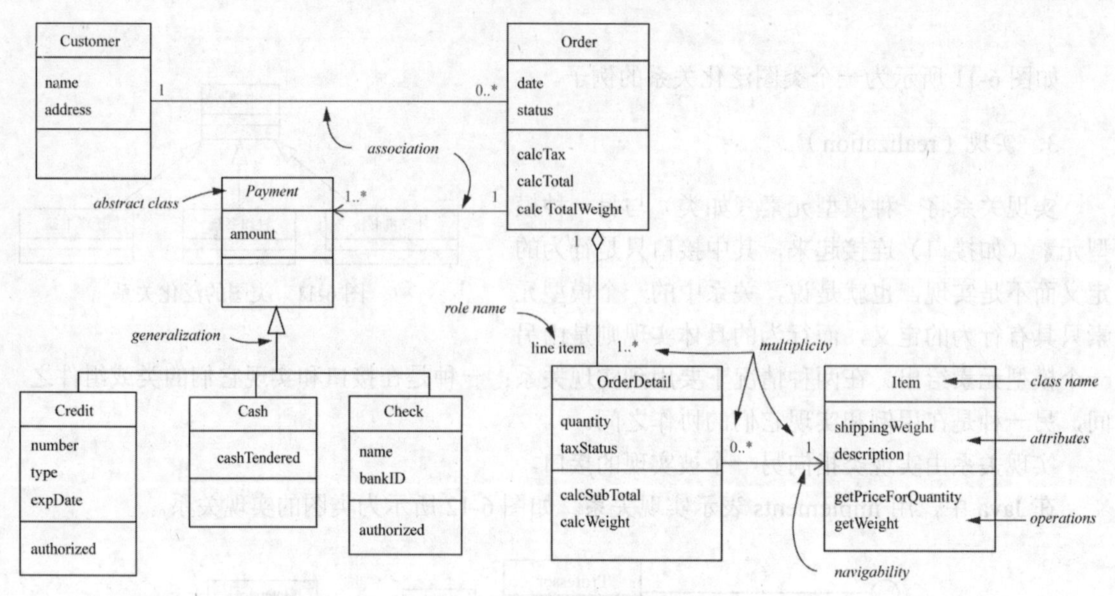

图 6-14　预订商品的类图

UML 类的符号是一个被划分成三块的方框：类名、属性、操作。抽象类的名字，如 Payment 是斜体，类之间的关系是连接线。

包（package）是一种组合的机制。UML 中的包与 Java 中的包可以一一对应。在 Java 中，一个包可拥有其他包或者类。在建模时，一般用具有逻辑性的包来组织建模；利用物理性的包可转换成系统 Java 包。每个包的名称和该包有确定的对应关系。

为了简单地表示出复杂的类图，可以把类组合成包。一个包是 UML 上有逻辑关系的元件的集合。如图 6-15 所示是一个把类组合成包的商业模型。

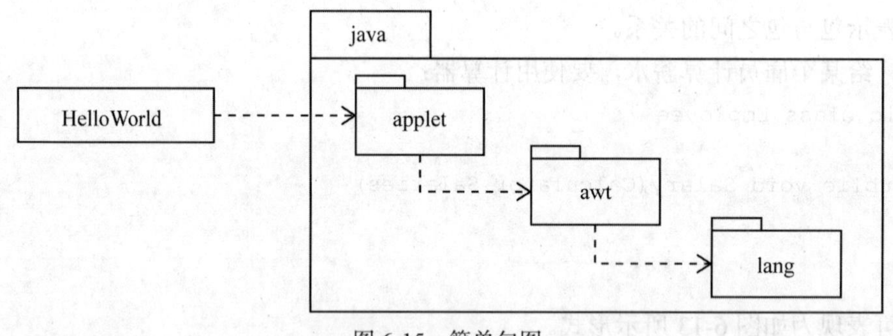

图 6-15　简单包图

包是用一个在上方带有小标签的矩形表示的。包名写在标签上或者在矩形里面。虚线箭头表示依赖关系。如果包 B 改变可能导致包 A 改变，则包 A 依赖包 B。商品预订包图如图 6-16 所示。

6.1.3　对象图细节

对象反映了一个类的实例。对象图表示系统在某个特定时刻各个类可能的具体内容，帮助对类图的理解。对象图在解释复杂关系的细小问题时（特别是递归关系时）很有用。

如图 6-17 所示，一个大学的部门（Department）可以包括其他很多子部门（Departments）。

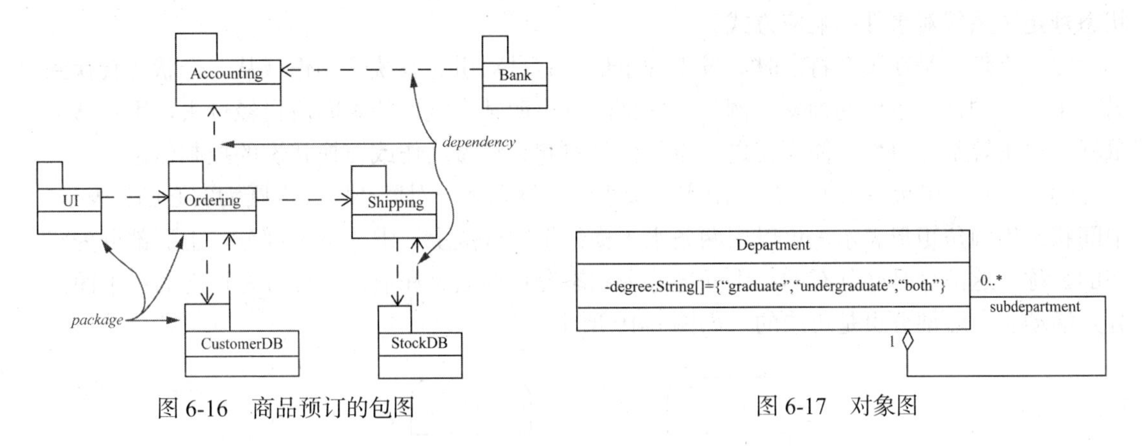

图 6-16　商品预订的包图　　　　图 6-17　对象图

每个类图的矩形对应一个单独的实例，如图 6-18 所示。UML 中对象实例名带有下划线。只要意思清楚，类或实例名可以在对象图中被省略。

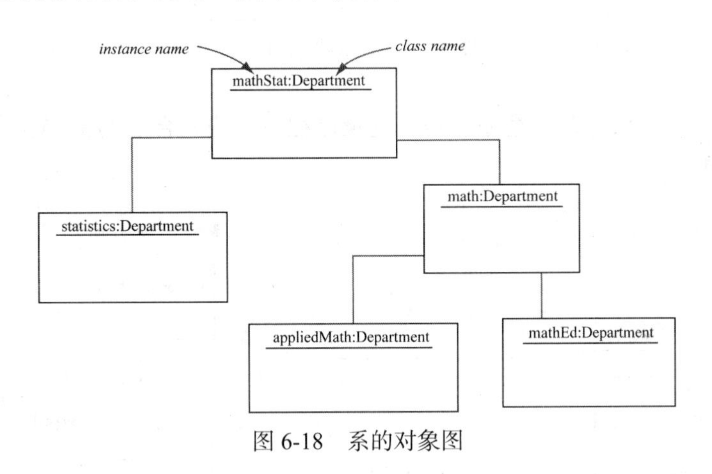

图 6-18　系的对象图

6.1.4　状态图细节

状态图是一个类对象所可能经历的所有历程的模型图。状态图由对象的各个状态和连接这些状态的转换事件组成。

当一个事件发生时，它会触发状态间的转换，导致对象从一种状态转化到另一新的状态。

状态图可用于描述用户接口、设备控制器和其他具有反馈的子系统，还可用于描述在生命期中跨越多个不同性质阶段的被动对象的行为，在每一阶段该对象都有自己特殊的行为。

在状态图中定义的状态主要有初态（初始状态）、终态（最终状态）和中间状态。在一张状态图中只能有一个初态，而终态则可以有 0 至多个。初态是开始动作的虚拟开始，终态是动作的虚拟结束。

状态图既可以表示系统循环动作过程，也可以表示系统单程生命期。当描绘循环运行过程时，通常并不关心循环是怎样启动的。当描绘单程生命期时，需要标明初始状态（系统启动时进入初始状态）和最终状态（系统运行结束时到达最终状态）。

（1）状态：是任何可以被观察到的系统行为模式，一个状态代表系统的一种行为模式。状态规定了系统对事件的响应方式。

（2）事件：是在某个特定时刻发生的事情，它是对引起系统做动作或从一个状态转换到另一个状态的外界事件的抽象。例如，内部时钟表明某个规定的时间段已经过去，用户移动鼠标、单击等都是事件。简而言之，事件就是引起系统做动作或转换状态的控制信息。

（3）符号：在状态图中，初态用实心圆表示，终态用一对同心圆（内圆为实心圆）表示。中间状态用圆角矩形表示，可以用两条水平横线把它分成上、中、下三部分。上面部分为状态的名称，这部分是必须有的；中间部分为状态变量的名字和值，这部分是可选的；下面部分是活动表，这部分也是可选的，如图 6-19 所示。

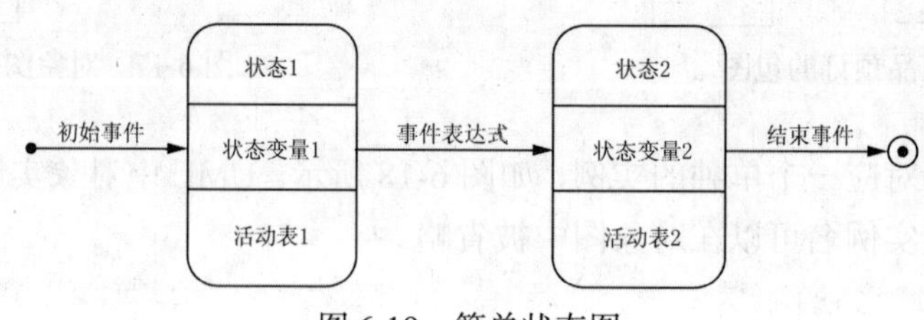

图 6-19　简单状态图

图 6-20 建立了一个银行在线登录系统。登录过程包括输入合法的密码和个人账号，再提交给系统验证信息。

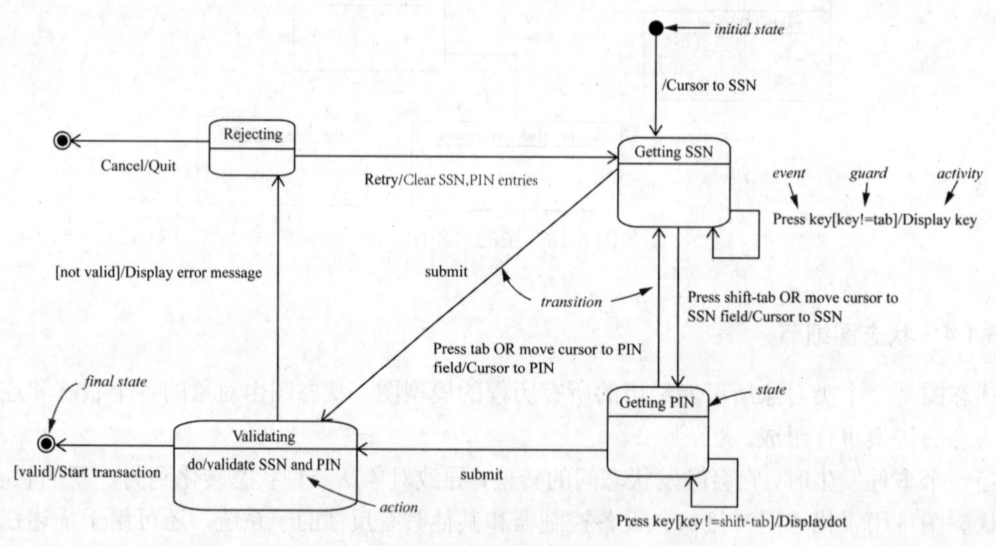

图 6-20　登录的状态图

登录系统可以被划分为四种不重叠的状态：Getting SSN、Getting PIN、Validating 以及 Rejecting。每个状态都有一套完整的转移来决定状态的顺序。

状态是用圆角矩形来表示的。转移则是用带箭头的连线表示，触发转移的事件或者条件写在箭头的旁边。图 6-20 中有两个自转移，一个在 Getting SSN，另一个在 Getting PIN。

如果开发一个 ERP 系统，系统中的角色所应有的功能需要很好地设计，如何抽象归类？

6.1.5　活动图细节

活动图是状态图的一个变体，用来描述工作流程和功能中涉及的活动。状态图把焦点集中在过程中的对象身上，而活动图则集中在一个单独过程动作流程。活动图显示活动之间的依赖关系。

活动代表一个工作流步骤或一个操作的执行。活动图描述了一组顺序的或并发的活动。活动图有助于理解系统高层活动的执行行为，而不涉及建立协作图所必需的消息传送细节。

如图 6-21 所示为通过 ATM 来取钱的活动。这个活动有三个类对象，即 Customer、ATM 和 Bank。整个过程从黑色圆圈开始到黑白的同心圆结束。活动用圆角矩形表示。

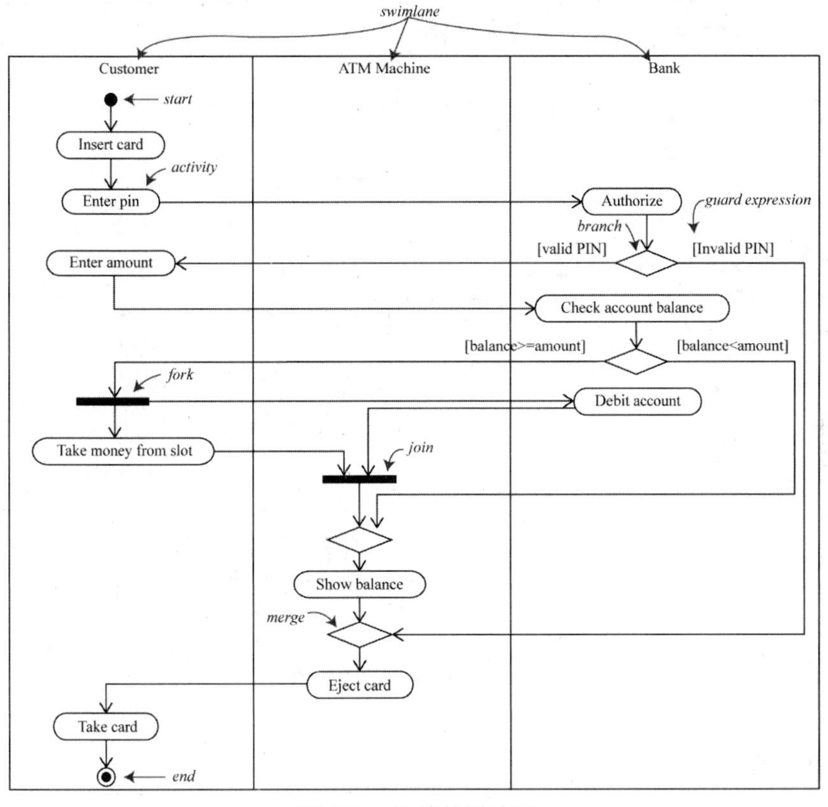

图 6-21　取钱的活动图

活动图可以被分解成许多对象泳道（swimlanes），可以决定哪些对象负责哪些活动，每个活动都有一个单独的转移连接着其他活动。

转移可能分支（branch）成两个以上互斥的转移。保护表达式（在[ ]中）表示转移是从一个分支引出的。分支以及分支结束时的合并（merge）在图中用菱形表示。

转移也可以分解（fork）成两个以上的并行活动。分解以及分解结束时的线程结合（join）在图中用粗黑线表示。

6.1.6 顺序图细节

交互视图描述了执行系统功能的各个角色之间相互传递消息的顺序关系。交互视图显示了跨越多个对象的系统控制流程。交互视图可用两种图来表示，即顺序图和协作图，它们各有不同的侧重点。

交互图是动态的，它描述了对象间的交互作用。

顺序图可以用来表示一个场景说明，即一个事务的历史过程。顺序图的一个用途是表示用例中的行为顺序。当执行一个用例行为时，顺序图中的每条消息对应一个类操作或状态图中引起转换的触发事件。

顺序图将交互关系表示为一个二维图。纵向是时间轴，时间沿竖线向下延伸。横向轴代表在协作中各独立对象角色。对象角色用生命线表示。当对象存在时，角色用一条虚线表示，当对象的过程处于激活状态时，生命线是一条双道线。

消息用从一个对象的生命线到另一个对象生命线的箭头表示，箭头以时间顺序在图中从上到下排列。如图 6-22 所示为宾馆预订顺序图。

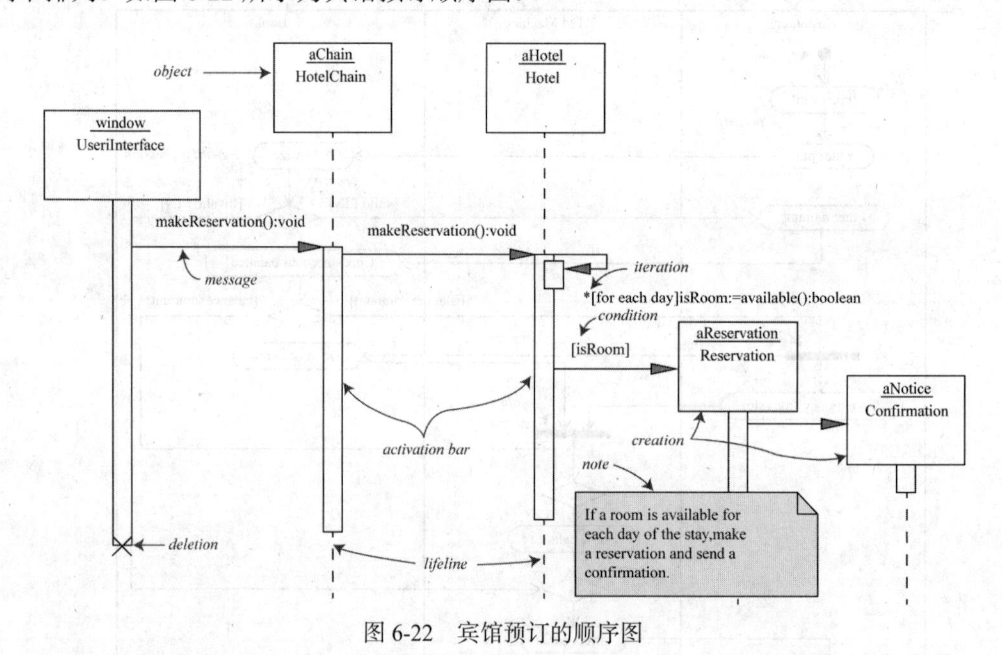

图 6-22 宾馆预订的顺序图

6.1.7 协作图细节

协作图对在一次交互中有意义的对象和对象间的链建模。类元角色描述了一个对象，关联角色描述了协作关系中的一个链。协作图用几何排列来表示交互作用中的各角色。附在类元角色上的箭头代表消息。消息的发生顺序用消息箭头处的编号来说明。

协作图也是互动的图表。它像顺序图一样也传递相同的信息，但它不关心消息什么时候被传递，只关心对象的角色。如图 6-23 所示为宾馆预订的协作图。

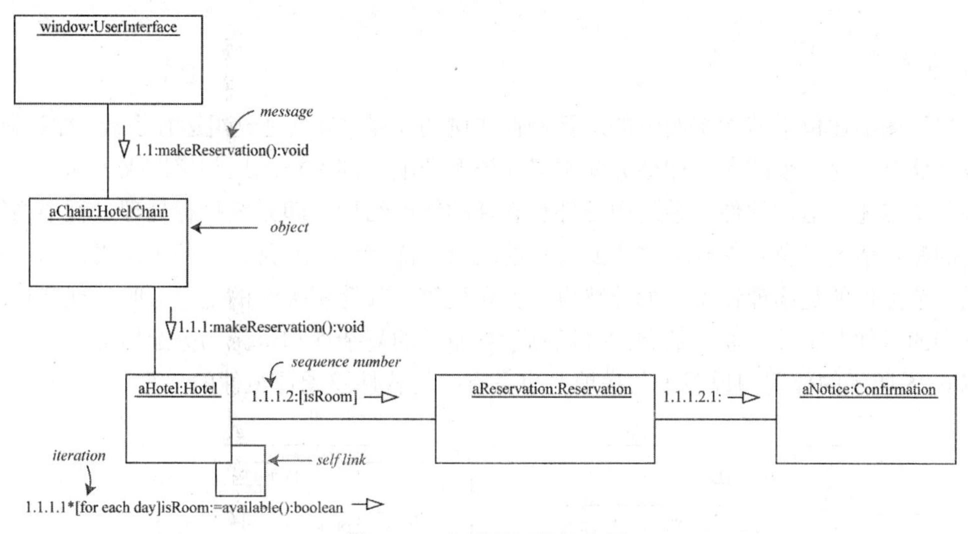

图 6-23 宾馆预订的协作图

6.1.8 组件图细节

组件图是物理视图对应用自身的实现结构建模，例如，系统的构件组织和建立在运行节点上的配置。这类视图提供了将系统中的类映射成物理构件和节点的机制。物理视图有两种：实现视图和部署视图。

实现视图为系统的构件建模（构件即构造应用的软件单元），还包括各构件之间的依赖关系，以便通过这些依赖关系估计对系统构件的修改给系统可能带来的影响。

实现视图用构件图来表现。组件（component）是代码模块。组件图是类图的物理实现。

组件图描述了软件的各种组件和它们之间的依赖关系，如图 6-24 所示。组件图中通常包含三种元素：组件、接口和依赖关系。每个组件实现一些接口，并使用另一些接口。

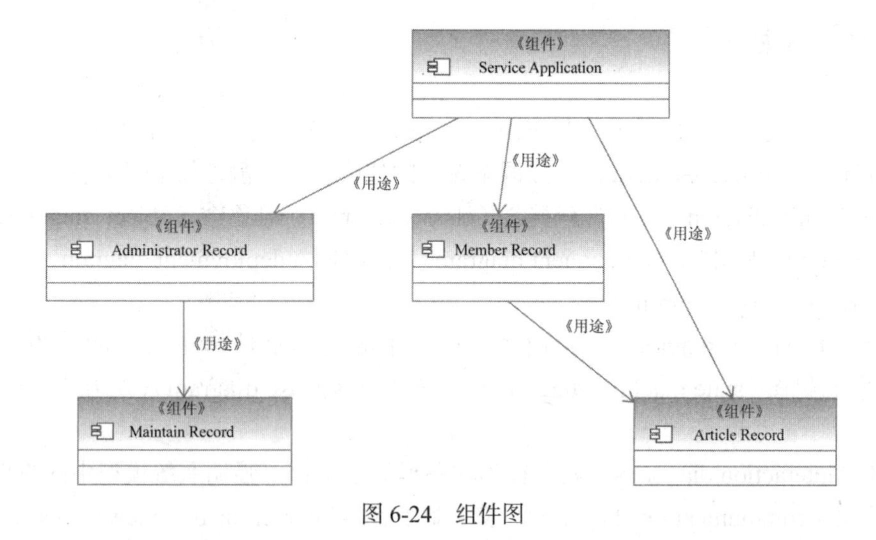

图 6-24 组件图

9. 部署图

部署视图描述位于节点实例上的运行构件实例的安排。节点是一组运行资源，如计算机、设备或存储器。这个视图允许评估分配结果和资源分配。部署视图用部署图来表达。

部署图描述了运行软件的系统中硬件和软件的物理结构，即系统执行处理过程中系统资源元素的配置情况以及软件到这些资源元素的映射。部署图中通常包含两种元素：节点和关联关系。节点指的是物理设备，如计算机、打印机等。部署图关注的是运行时处理节点的配置和它们的组件及工件，通过部署图可以评估分布式的复杂性和资源的分配情况。

图 6-25 所示的部署图说明了与房地产事务有关的软件及硬件组件的关系。

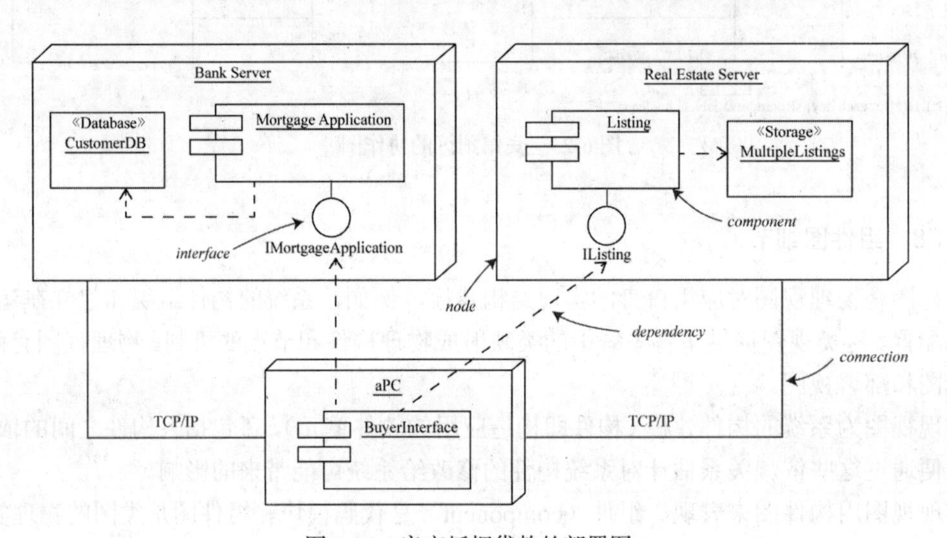

图 6-25　房产抵押贷款的部署图

6.2　UML 2.5 概述

UML 2.5 主要包括 13 种图示（diagrams），为方便了解，其结构示于图 6-26。

结构性图形（structure diagrams）强调系统式的建模，包括静态图和动态图。

静态图（static diagram），主要有类图（class diagram）、对象图（object diagram）、包图（package diagram）、构件图（component diagram）、部署图（deployment diagram）、组合结构图（composite structure diagram）。

动态图（behavior diagrams）强调系统模型中触发的事件，主要有活动图（activity diagram）、状态机图（state machine diagram）、用例图（use case diagram）、交互图（interaction diagrams）。

交互图（interaction diagrams）属于行为式图形的子集合，强调系统模型中的事件流程，主要有通信图（communication diagram）、交互概览图（interaction overview diagram）、顺序图（sequence diagram）、时序图（timing diagram）。

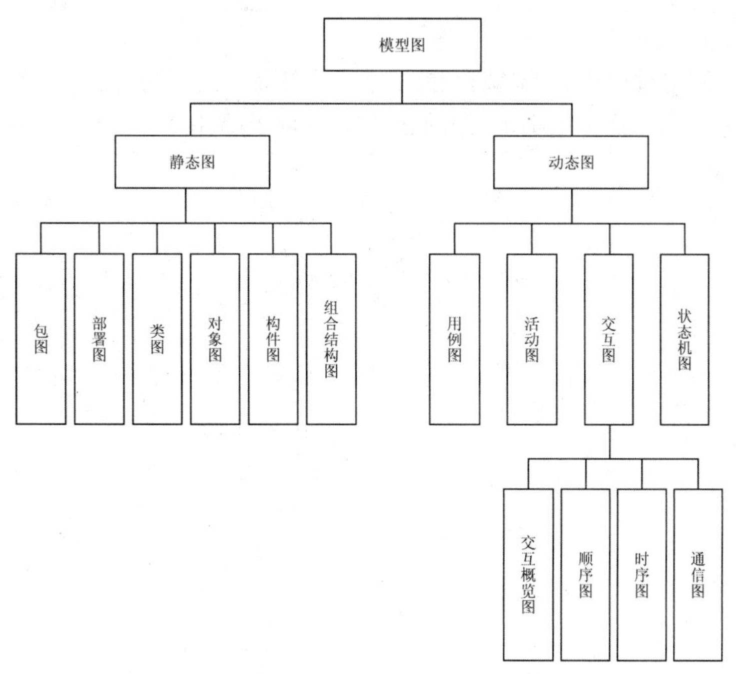

图 6-26　UML2.5 的图示

UML 2.5 为了符合模型驱动架构（model driven architecture，MDA）的需求作了大幅度的修改，除在图形基础上扩充及变化了部分的展现方式外，也增加了一些图形标准元件，比前一版本多出了由顺序图与交互图所混合而成的交互概览图、强调时间点的时序图与组合结构图，此外，在 UML 2.5 中，UML 1.0 协作图转变为通信图，且在顺序图中也添加了互动框（interaction frame）的概念，还增加了一些运算子（如 sd、loop、alt 等）。同时，UML 2.5 支援 MDA 倡议，提供稳定的基础架构，容许软件开发程序增添自动化作业。此外，MDA 把大型的系统分解成几个元件模型，并与其他模型保持连结，使得 UML 更加精确。

6.3　相关行业标准协会 OMG

OMG 是一个国际化的、开放成员的、非营利性的计算机行业标准协会，该协会成立于 1989 年。任何组织都可以加入 OMG 并且参与标准制定过程。OMG 标准由供应商、最终用户、学术机构和政府机构共同驱动。OMG 还主持一些组织的活动，如用户驱动信息共享云标准客户委员会（CSCC）和具有信息技术软件质量（CISQ）的信息技术行业的软件质量标准化联盟。OMG 的 OOOV（one-organization-one-Vote）原则，保证每个组织无论大小都拥有有影响力的发言权。

在各个科技领域 OMG 都在进行企业集成标准的制定，这些科技领域包括实时、嵌入式和定制化系统、分析和设计、架构驱动现代化和中间件、商业建模和集成、政府、医疗、生命科学研究、制造业等。

OMG 制定了统一建模语言，模型驱动架构等建模标准。使强大的视觉设计、执行和维护软件等工序成为可能。OMG 还制定了广为人知的中间件标准 CORBA（common object request broker architecture）。

OMG 的标准制定过程从需求文档（提议请求）开始，所有的关键文档均开放给所有人阅读，无论是否是会员。而标准制定的其他过程，如电子邮件讨论、参与会议及投票决定等只有会员能够参与。

第二部分 UML需求分析与建模的过程

本部分将通过人事管理系统案例引导学习 UML 的建模过程，主要是面向中型系统的软件开发。

第7章 需求获取

现实生活的世界运行着各种各样的系统，人们总能从中发现一些大大小小的问题需要改进。软件可以帮助代替人工提高工作效率，但软件要做的内容从何而来？需求获取就是发现现实生活中的问题并考虑如何用软件来解决的阶段。本章讲述一些需求获取的方法，特别是复杂系统的获取方法更值得进一步研究。

	问题是从哪里来的？如何带着发现的眼睛去寻找现实生产各系统中的问题？

本章知识要点

（1）需求获取的必要性。

（2）需求获取的方法。

兴趣实践

挖掘学习生活中遇到的问题，如图书馆系统、教学选课系统、食堂一卡通系统中的问题。

探索思考

观察现实生活中的问题，思考哪些可以用计算机软件解决。

预习准备

复习传统软件工程方法的软件生命周期知识。

7.1 需求流概述

用UML建造系统模型的时候，并不是只建一个模型。UML的应用贯穿系统开发的五个阶段，在系统开发的每个阶段都要建造不同的模型，建造这些模型的目的也是不同的，需求分析阶段建造的模型用来捕获系统的需求，描绘与真实世界相应的基本类和协作关系，设计阶段的模型是分析模型的扩充，作为实现阶段指导性的、技术上的解决方案，实现阶段的模型是真正的源代码，编译后的源代码就变成了程序，最后是部署模型，它在物理架构上解释系统是如何展开的。

获取需求是建模和分析的基础，尽可能发现用户真正的需要和期望，避免各种错误假设是需求获取阶段的主要任务。用户意见是软件需求的最终来源，市场趋势、技术或标准更新、政策或法规约束等都是软件需求的可能来源。

需求分析UML的用例视图可以表示客户的需求，通过用例建模，可以对外部的角色以及它们所需要的系统功能建模，不仅要对软件系统，对商业过程也要进行需求分析。软件需求的层次结构如图7-1所示。

传统软件工程中是如何获得软件需求的?其优缺点分别有哪些?

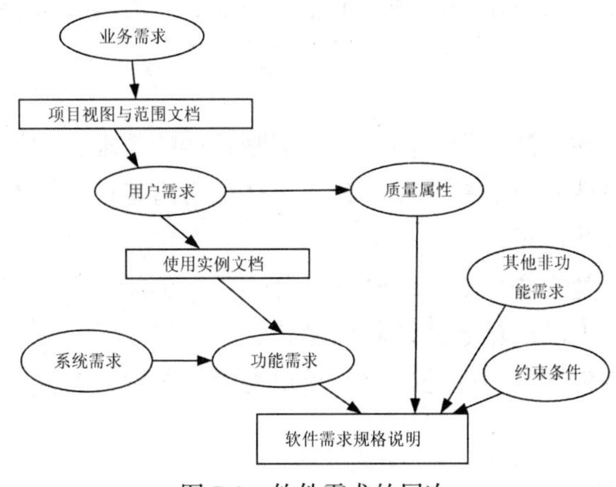

图 7-1　软件需求的层次

7.2　需求获取的困难

需求获取将注意力放在系统目标的描述上。开发者、客户和用户共同标识了一个问题域，定义了解决这一问题域的系统。这类定义称为需求规格说明，这类定义可用于开发者和用户之间的沟通。

需求为什么这么重要?

需求获取是后期分析和建模的基础。软件需求获取的主要任务是弄清楚用户想要通过软件达到的目标，总结用户提出的各种问题和要求。在软件项目的开发过程中，需求变更贯穿软件项目的整个生命周期，从软件的项目立项、研发到维护，用户的经验在增加，对使用软件的感受有所变化，以及整个行业的新动态都对软件提出不断完善功能、优化性能、提高用户友好性的要求。

7.2.1　软件需求获取面临的困难

在软件项目管理过程中，项目经理经常面对用户的需求变更。如果不能有效处理这些需求变更，项目计划就会一再调整，软件交付日期一再拖延，项目研发人员的士气将越来越低落，从而直接导致项目成本增加、质量下降及项目交付日期推后。这就决定了获取有效的需求才是最为关键的一步。

对于所建议的软件产品，获取需求是一个确定和理解不同用户类的需要和限制的过程。一般软件开发人员都会认为客户会对产品很感兴趣，因为该产品会解决客户面临的问题。但通常客户希望开发人员已经知道相关知识或不愿意耗费时间为软件产品提供基础材料。无疑，这些观点是错误的，但是客观存在的。因此，需求获取成为一项非常困难的工作。

7.2.2 软件需求获取困难的原因

有几种原因使需求获取变得困难：客户描述不清需求；需求自身经常变动；分析人员或客户理解有误。

1）客户描述不清需求

有些客户对需求只有朦胧的感觉，当然说不清楚具体的需求。例如，全国各地的很多政府机构在搞网络建设，这些单位的领导和办公人员往往不清楚计算机网络的作用，反而要软件系统分析人员替他们设想需求。

有些客户心里非常清楚想要什么，却说不明白。读者可能很不以为然。例如，买鞋子时，顾客非常了解自己的脚，但没法精确描述脚的形状。

如果客户本身就懂软件开发，能把软件需求说得清清楚楚，这样的需求分析将会非常轻松、愉快。

2）需求自身经常变动

需求自身经常变动，因此要尽可能地分析清楚哪些是稳定的需求，哪些是易变的需求。以便在进行系统设计时，将软件的核心建筑在稳定的需求上。

其次，在合同中一定要说清楚“做什么”和“不做什么”。

3）分析人员或客户理解有误

分析人员写好软件需求说明书后，要请客户方的各个代表验证。如果问题很复杂，双方都不太明白，就有必要请开发人员快速构造软件的原型，双方再次论证需求说明书是否正确。

由于客户大多不懂软件，他们可能觉得软件是万能的，会提出一些无法实现的需求。

这些因素都是导致软件需求获取变得困难的原因。

如果开发一个小学生作业辅助神器的手机应用，小学生能够提供需求吗？如何挖掘？

7.2.3 需求工程过程

需求的过程大致可以分为几个阶段，即需求获取、需求分析、需求描述和需求验证，其中每个阶段的主要任务如下。

（1）需求获取：确定和收集与软件系统相关的、来自不同来源和对象的用户需求信息。

（2）需求分析：对获得的用户需求信息进行分析和综合，即提炼、分析和仔细审查已收集到的用户需求信息，并找出其中的错误、遗漏或其他不足的地方，以获得用户对软件系统的真正需求，建立软件系统的逻辑模型。

（3）需求描述：使用适当的描述语言，按标准的格式描述软件系统的需求，并产生需求规格说明以及相应文档。

（4）需求验证：审查和验证需求规格说明是否正确和完整地表达了用户对软件系统的需求。

需求工程过程中各个阶段相对独立，基本按线性方式执行。但在实施过程中也存在反复的情况，如需求验证发现需求规格说明中有问题，则需要返回需求分析阶段重新分析，甚至可能返回需求获取阶段重新收集需求信息等。

7.3 需求获取的方法

1. 现场调查

现场调查的形式主要有访谈、观察、录像。

访谈（或称为会谈）是最早开始运用的获取用户需求的技术，也是迄今为止仍然广泛使用的、主要的需求分析技术。访谈有两种基本形式：正式的访谈和非正式的访谈。在正式的访谈中，系统分析员会提出一些事先准备好的具体问题，如图7-2所示。

图7-2 需求获取的几个问题

虽然自然语言具有多义性且危险，但访谈仍是捕捉需求的最佳方法之一。

1）When

这是和软件使用时间相关的环境信息，常见的时间信息如下。

（1）季节信息：软件使用的季节（如春夏秋冬等）。

（2）日期信息：节日、假日等。

（3）作息事件：白天、晚上、深夜等。

一个简单的例子：以前有公司做通信设备的时候，如果是做数据转换工具，都要求非常智能，最好是一键式操作。原因是数据转换都是在凌晨2时～4时进行，此时操作人员最困，思维最迟钝，如果数据转换工具需要很多操作步骤，而只要一步出错就必须全部重来，那么谁敢去操作？

2）Where

这个是和地点相关的环境信息，常见的地点信息如下。

（1）国家、地区：不同的国家和地区有不同的文化、风俗、制度等。

（2）室内、室外、街道。

（3）建筑物。

一个简单的例子：一个电话机如果放在室内就可能要求美观小巧，而放在室外就可能要求防晒、防雨、防风、防盗窃，而且要求电话机键盘比较大，以方便拨号。

3）Who

这是和参与者相关的，参与者可以是人，也可以是软件相关的外部系统。

常见的参与者信息如下。

（1）投资者、管理者。

（2）使用者、维护者。

（3）监督者、评估者：如政府机构、监管机构等。

（4）其他系统。

例如，银行的 ATM 的参与者有如下几类。

顾客：使用 ATM 取款、存款。

银行维护人员：每天将钱放进 ATM。

质检机构：根据银行监管法律对 ATM 进行检查。

4）What

这个就是客户最终想要的输出，如一个文档、一份报告、一个图片、一个系统等。

一般情况下，这也是最原始的需求。

5）Why

这个就是客户遇到的问题、困难、阻碍等，也是客户提出需求的驱动力。

	如果开发一个乒乓球辅助教学软件，为谁而做？问题在哪里？

2. 网络调查

通过搜索引擎等互联网工具可以调查征集需求。

3. 复杂网络和数据挖掘

复杂网络是研究复杂系统的数学基础，数据挖掘是研究复杂网络的计算机工具。

需求创意来源建议：①多看其他软件案例；②多看电视和报纸上的科技新闻及相关计算机软件新动态；③多看专业的期刊上的文章；④多学习软件各版本变化，掌握成熟软件先进的功能特点；⑤提高搜商，查找到自己所需要的信息。

*7.4 复杂系统的复杂网络需求获取方法

需求获取是软件系统开发过程中至关重要的一步。典型的软件需求获取方法主要包含传统的需求获取、现代的需求获取等。传统的需求获取技术主要包含问卷调查、访谈、现有文档分析等，而现代的需求获取主要包含下面几种。

（1）基于情景实例的方法。基于情景实例的方法是当前研究较多的一种方法。这种方法试图用领域用户熟悉的情景实例引导他们逐步提供系统信息。它首先采集一组现实系统的运行情景，然后让领域用户根据这些情景分别说明现实系统中各种行为及其目的，逐步建立应用软件的需求目标树。由于情景实例是现实系统的客观表现，领域用户对参与需求描述显得得心应手。所建立的系统需求目标树也是现实系统的真实反映，可用于进行面向目标的系统需求分析。但是，这种方法也存在问题。一方面，由于情景实例的采集是随机的，如何保证情景实例能覆盖整个现实系统和产生完全的需求目标树？另一方面，需求目标树仅仅是系统需求的一个抽象表示，要进行系统设计和实现，软件开发者还需要更多更深入的领域信息。如何引导领域用户提供尽可能完全和深入的信息。这些问题都是目前的情景实例方法没有解决的。

（2）基于知识的方法。基于知识的方法也是目前研究较多的方法。与基于情景实例的方法不同，基于知识的方法的出发点是希望能用软件开发者积累的经验或领域分析的结果来帮助软件开发者理解应用和定义需求。比较典型的工作有 Sutcliffe 和 Maiden 的基于类比推理的领域模型重用、中国科学院数学研究所的金芝提出的基于本体的需求获取方法也是一种基于知识的方法。与其他方法不同的是，它以企业信息系统为研究背景，试图以企业本体和领域本体作为需求获取过程的基本线索，引导领域用户全面描述现实系统，并通过重用领域模型构造应用软件的需求模型。该方法的特点是，通过深化领域知识，使得需求获取过程更系统、更有效。

（3）基于原型的方法。原型法在现代需求获取中是最常用的方法。构造软件原型可以获得用户的反馈。原型是一个演示系统，它是解决方案的一种“快速而粗糙”的工作模型，它呈现出 GUI（图形用户界面），并且对各种用户事件模拟系统的行为。原型有两种：①丢弃式原型，当需求获取完成后被丢弃，丢弃式原型针对生命周期的需求确定阶段，用于集中理解部分最少的需求；②进化式原型，它在需求获取之后仍保留并被用来产生最终产品，进化式原型目标在于产品的速度，使得产品的第一版能够很快发布。

如果开发一个网上飞机订票系统，需求的原型在各个公司现成的系统中，使用中发现问题如何进一步改进？

（4）基于观点的方法。CORE（controlled requirements expression）是一种基于观点的方法。这是一个在 20 世纪 70 年代末发展起来并在 80 年代初得到改进的需求获取、分析和形成规格说明的方法。它的前提是任何系统都能用一些“观点”来看待，并且完整的系统需求是通过把不同的观点集合在一起而得到。CORE 中所考虑的观点既包括功能方面的观点又包括非功能方面的观点。这些观点是通过将问题分区并使用自由讨论这样的方法找出来的。这种观点的确定与选择是基于观点分析的第一步。接下来要做的是初期数据收集，它的目的是收集每个观点的广泛数据，然后结构化这些观点并检查观点内部和外部的一致性。

现有的这些需求获取方法都各有其优缺点。而在面对大型复杂系统时，如生命系统，这些方法可能都不是很适合。

尽管有些系统可以通过人的交流活动等分析得出需求，但是有些系统，如生物系统、生命系统、社会系统等，是无法通过传统的需求获取方法得到需求的，可以采用复杂网络的方法。

复杂系统一般呈现出体系结构整体特征，而且不同层次体现出不同粒度的抽象，软件这一人工复杂系统也不例外。早期的结构化方法就是针对问题域的逐步细分和抽象，将程序划分为若干功能模块，强调以模块为中心，通过若干基本结构、函数、子程序等概念元素来实现预定的功能。在软件工程研究初期，软件系统彼此独立、数量稀少，可以利用的经验非常缺乏，而结构化设计方法可以帮助人们从需求、功能的角度分析和理解系统，促进了软件工程理论和实践的发展。但是复杂系统的复杂性主要体现在其组成元素之间关联和交互的复杂性。软件系统中大量堆积的底层元素和它们之间错综复杂的关系，已逐渐超出了开发人员的理解能力。系统的复杂性主要决定于元素之间的交互，大量研究发现：网络的拓扑结构决定着网络所拥有的特性。因此也可以用复杂网络的方法来研究软件系统。

	Java 的 JDK 类库有多复杂？现在有科学家用复杂网络的方法研究它的产生和版本演化的过程。

1998 年以来出现的复杂网络研究把复杂系统简化为节点以及连接节点的线段的结合。点代表系统的基本单元，称为节点；线段代表节点之间的相互作用，称为边。复杂网络就是对大量现实世界复杂系统的一种理想简化描述。

下面以科研合作网为例说明复杂网络的特性获取方法。

（1）科研合作网。

在复杂网络描述中，如科研合作网、演员合作网的节点通常定义为科研人员或演员，他们之间的边通常定义为他们在同一篇科学论文或同一部影片研究中的合作关系，每次合作的目的是产生合作的成果——科研论文或电影。

	如果开发一个心理测试应用软件，首先要了解大脑中的复杂网络，然后才能准确地测试大脑产生的想法。

科研合作网络是真实存在的一个社会网络，它反映了科学家之间的相互协作情况。科研合作网络属于社会关系网，任意两个科学家之间的连线表示他们合著过一篇或多篇文章，同时也表示他们是相识的。关于科研合作网络的研究已经进行了很多年，很多实证数据表明科研合作网具有小世界效应，并且它的节点度分布是幂律的。节点度是幂律分布的即具有某个特定度的节点数目与这个度之间的相关关系可以用一个幂函数拟合表示。幂函数曲线在图中是一条比指数下降缓慢的曲线，也就是说度很大的节点在网络中也可以存在。而在随机网络和规则网络中，度分布是非常狭窄的，几乎没有较大偏离节点度均值的点，故其平均度就是节点度的一个特征标度 。因而节点度服从幂律的网络可称为无标度网络，节点度的幂律分布特性为网络的无标度特性。

从现实意义角度来看，随着科学技术发展日趋全球化，科学合作日益成为科学研究的主流方式。

下面利用复杂网络建立一个科研合作的网络模型，分析科研的合作方式及参数规律。

（2）科研合作网的网络描述。

科研合作网络是一个由不同参与主体组成的复杂网络，各参与主体之间存在广泛的知识、信息、技术、人员及资金联系。把参与主体表示为网络的节点，参与主体之间的合作关系表达成网络节点之间的网络联系，构建成科研合作网络模型，如图 7-3 所示。

图 7-3 表示 A、B、D 三位科学家一起合作完成了文章 1，C、D、E 三位科学家一起完成了文章 2。

通过图 7-3，不考虑科学家合作成果——文章，只考虑他们是否有合作，把科学家当作节点，其有合作则边相连，否则不连边，得到图 7-4。

（3）科研合作网数据来源。

科研合作网所提取的数据都来自著名网站 www.nature.com。英国 Nature 创刊于 1869 年，由 Nature Publishing Group 出版。Nature 自创刊以来，关注全球科技领域里最重要的突破，其办刊宗旨是“将科学发现的重要结果介绍给公众，让公众尽早知道全世界自然知识的每一分支中取得的所有进展”。影响因子稳定在30以上，其系列月刊的影响因子也相当高，基本代表了学术最高水平。Nature以长篇论文（Article）和短篇报道（即Letter）两种形式发表世界科学研究的最新重大成果，能以Article形式在Nature这一国际顶尖学术期刊发表研究论文，是高校参与国际高端学术竞争、创建世界一流大学的一个标志性成果。

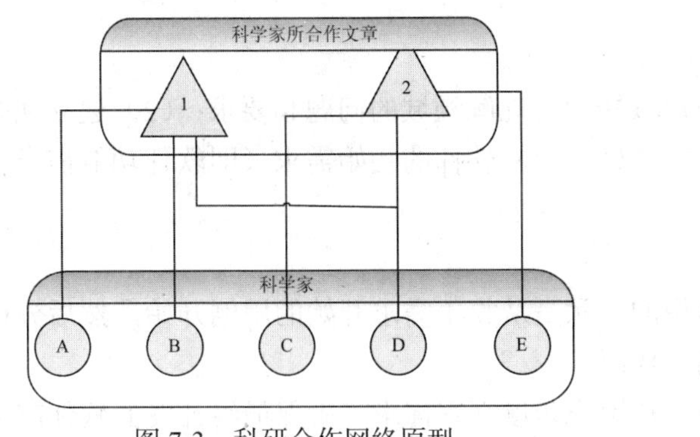

图7-3　科研合作网络原型

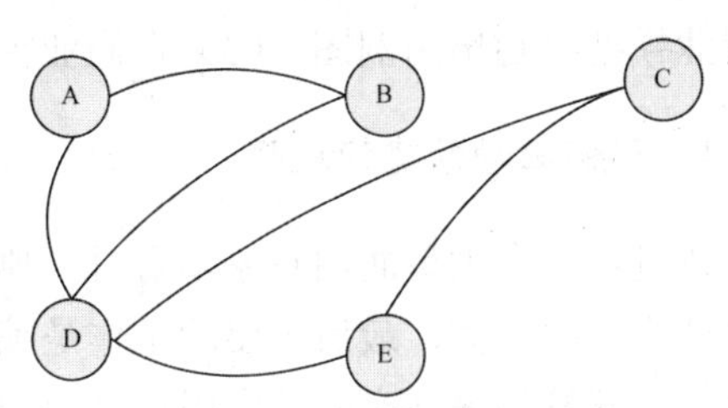

图7-4　网络映射

（4）数据处理。

打开www.nature.com，接下来在检索页中检索科学家所发表的文章，用自制的“爬虫”算法程序查找相关的文章。

	什么是网络时代的“爬虫”算法？如何实现？

（5）复杂网络特性分析。

项目度是指一个参与者参加多少个项目。在科研合作网里指一个科学家参与了多少篇科研论文的编写。图7-5为项目度分布图。

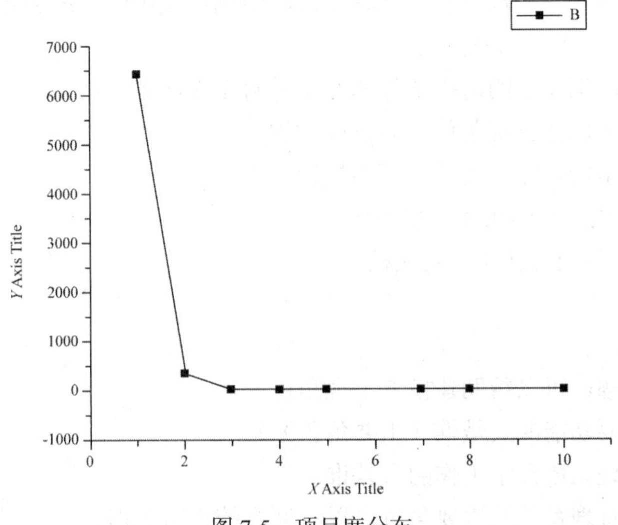

图7-5　项目度分布

从图 7-5 可以看出，当 X=1 时有个跳跃，在实际网络中，表示大部分科学家只参与过一篇论文的编写。

铁路网、生物蛋白网、Java 类库网等其他类似网络也可用复杂网络研究方法得到系统中的重要信息。

7.5　需求路线图

需求过程包含三个方面：（1）发现用户域知识，理解领域的问题和要求；（2）建立现有的商业模型，画出用例图；（3）在商业模型基础上建立软件的初始需求（即软件功能需求）。

1. 用例驱动的建模过程

在进行一个大型面向对象项目时，典型的步骤是从收集需求开始的用例开始，然后分析和设计系统中的类，最后主要的工作是编写代码。

软件开发的最终产品是由用户来使用。从用户角度观察需求，确保最终开发的软件产品能给用户提供所要求的服务。用例模型主要用来描述系统和系统外部环境的关系，直接影响着其他模型。用例是一组系统使用场景的集合，每个场景又是由一些事件序列构成的，发起这个事件的用户就是系统使用的参与者。用例图是系统的高层描述，角色和用例在实现阶段则变成了对象和接口这样的底层描述。用例可以帮助每一个用户知道他们未来怎样使用系统。对开发者来讲，在不关注细节的情况下，可以快速搜集系统需求，形成总体样式。

用例图建模分析步骤如下。

（1）确定将要设计的系统和它的边界。

（2）确定系统外的活动者。

（3）从活动者（用户）和系统对话的角度继续寻找两方面的特征：寻找活动者怎样使用系统；系统向活动者提供什么样的功能。

（4）把离用户最近（接口）的用例作为顶级用例。

（5）对复杂的用例作进一步分解，并确定低级用例以及用例间的关系。

（6）对每一用例作进一步细化。

（7）寻找每一个用例发生的前提条件和发生后对系统产生的结果。

（8）寻找每一个用例在正常条件下的执行过程。

（9）寻找每一个用例在非正常条件下的执行过程。

（10）用 UML 建模工具画出用例模型图。

（11）编写用例模型图的补充说明文档。

2. 如何发现角色

通过回答下列问题，可以帮助建模者发现角色。

（1）使用系统主要功能的人是谁（主要角色）？

（2）需要借助系统完成日常工作的人是谁？

（3）谁来维护、管理系统及次要角色，以保证系统正常工作？

（4）系统控制的硬件设备有哪些？

系统需要与哪些其他系统交互，其他系统包括计算机系统，也包括该系统将要使用的计算机中的其他应用软件，其他系统也分成两类，一类是启动该系统的系统，另一类是该系统要使用的系统。

（5）对系统产生的结果感兴趣的人或事有哪些?

在寻找系统用户的时候，不要把目光只停留在使用计算机的人员身上，直接或间接地与系统交互或从系统中获取信息的任何人和任何事都是用户。

在完成了角色的识别工作之后，即可从角色的角度出发，考虑角色需要系统完成什么样的功能，从而建立角色需要的用例。

3. 如何发现用例

实际上从识别角色起，发现用例的过程就已经开始了，对于已识别的角色，通过询问下列问题就可发现用例。

（1）角色需要从系统中获得哪种功能？角色需要做什么？

（2）角色需要读取、产生、删除、修改或存储系统中的某种信息吗？

（3）系统中发生的事件需要通知角色吗？或者角色需要通知系统某件事吗？这些事件功能是什么？

（4）如果用系统的新功能处理角色的日常工作是简单化了还是提高了工作效率？

（5）是否还有一些与当前角色可能无关的问题也能帮助建模者发现用例？

（6）系统需要的输入/输出是什么信息？这些输入/输出信息从哪儿来到哪儿去？

（7）系统当前的这种实现方法要解决的问题是什么？

7.6 需求案例

人事管理系统是任何单位不可缺少的部分。人事管理系统能够为用户实现部门记载、职工登记、信息查询、档案管理、绩效考核等功能，随着社会的不断进步和科学技术的不断发展，计算机技术已经被应用到人类社会的各个领域。人事管理系统就是计算机在管理领域应用的一个典型实例，它的优点是手工管理根本无法比较的，如查阅迅速、安全性高、可靠性高、信息量大等。这些特点使单位的人事管理工作效率大幅度提高，同时加快了单位信息化建设步伐。

如果要开发一个党员信息管理系统，首先要了解党员管理的特殊要求，然后是具体的设计。

7.6.1 人事管理系统功能需求描述

1. 组织管理

组织管理包括部门管理、职务及岗位管理等。部门管理中用户可以对部门进行设立和撤销操作，建立无限层级的树形部门结构。可以回顾部门结构的历史记录，可以即时查看组织机构图，并直接打印。职务及岗位管理中用户可以对职务和岗位进行设计和撤销，对岗位编制进行管理，可以为职务及岗位建立说明书，可以实时统计各部门及岗位编制人数统计表，可以随时了解单位编制情况。

2. 人事档案管理

人事档案管理主要是对人事档案进行整理，从而方便用户对人事档案进行查询、统计、更新等。人事档案分为在职、离职、退休、后备四个人员库。

人事档案管理中包括人员基本信息的录入、修改、查询、统计、打印输出等功能。人事档案数据还支持Excel格式的导入与导出，用户可对人事档案进行批量编辑。

人事档案管理包含丰富的人事报表、图表，用户可以根据需要生成各种报表，如人员构成情况分类统计表、员工明细花名册、部门员工花名册、各部门职务统计表、员工入职离职统计表等。用户也可以自定义各种类型的报表。

3. 人事合同管理

用户可以对员工的劳动合同、培训合同、保密协议进行新签、续签等操作。提供劳动合同期满提醒、未签劳动合同人员提醒、合同续签提醒。

合同报表功能可以随时展现各类合同的明细数据。

4. 薪资管理

用户可以自定义薪酬账套。通过计算公式等方式实现岗位工资、薪级工资、工龄工资、学历津贴、考勤扣款、社保扣款、绩效奖、个人所得税等各类常见的工资项目。可实现一月多次发放工资，支持多次工资合并计税，支持年终奖的12个月分摊计税，薪酬数据支持批量编辑。

薪资管理模块可以生成薪酬报表，包括各部门员工薪酬明细表、各部门及岗位薪酬汇总表、部门月工资条打印表、职务薪酬汇总表、部门及岗位薪酬多月合计表、部门及岗位多月薪酬对比表、员工薪酬多月合计表。

5. 培训进修管理

人事部门对员工进行培训、进修需求调查。各部门上报培训进修需求，经审批后，汇总成培训进修计划，计划内容包括培训进修的时间、地点、参与人、预算等。由培训、进修计划生成培训进修的实施方案，详细记录培训进修实施情况。

培训进修管理模块可以生成培训进修报表，包括各部门培训进修计划费用统计表、各部门培训进修计划人数统计表、各部门培训进修实施费用统计表、各部门培训进修实施人数统计表、各部门实施费用明细表等。

6. 招聘管理

用户可以制订招聘计划，包括招聘的岗位、要求、人数、招聘流程定义等。应聘简历可以详细记录应聘者资料，以及在应聘过程中的表现情况。

招聘管理模块可以生成招聘报表，包括招聘计划、各岗位应聘情况、应聘人员基本情况等。

7. 报表管理

在报表设计中心，用户可以自行定义各类明细、统计报表。

8. 系统管理

系统管理模块包括系统日志管理、业务监控台（查看系统中所有工作流业务的运行状态）、部门数据权限管理、栏目访问权限管理、用户及角色管理、标准代码库、数据结构管理、缓存管理。

9. 保险福利

用户可以自定义各类保险福利类别。用户可为员工批量创建保险账户，支持为当月入职员工开户、离职员工退保，社保缴费自动核算，可以生成社保报表。

10. 绩效管理

绩效管理主要用于年度考核，该模块中含有固定格式的考核表，用户可以根据自己的需求建立新的考核表。在年终考核任务发布后，员工可以直接在线进行绩效打分，系统自动完成分数汇总统计。

绩效管理模块可以生成绩效报表，包括绩效考核结果一览表、绩效考核记录一览表、考核结果单指标分析表、考核评分记录明细表、各部门量化指标分析表、部门考核等级汇总表。

11. 考勤管理

考勤管理模块支持请假、出差、加班等考勤业务管理。薪酬模块可以引用考勤结果进行相关计算。假期管理模块中可以自定义法定假期。系统提供常用的一组考勤数据报表。

7.6.2 系统的 UML 表示

这里给出考勤管理模块中关于请假部分的 UML 模型设计，其他模块的 UML 模型设计不再一一列举。

1. 登录说明

User（管理员、员工或者公司领导）输入用户名和密码进行登录，系统从数据库中查找相关的数据进行判断，若正确，则进入相应的登录界面，否则给出相应的提示，流程如下。

（1）系统显示登录界面。

（2）用户输入自己的用户名密码，并单击登录按钮进行登录。

（3）用户名密码及权限经系统验证通过后则登录成功，否则转到第（4）步。

（4）进行相应的出错提示，让用户再次进行登录。

2. 请假条填写、个人请假查询

普通员工可以登录的模块包括请假条填写、个人请假查询、重新登录的设计。系统管理

员事先为每位用户分配好用户名和密码，这种类型的用户只能访问与自己相关的页面。

3. 员工的添加、修改、查询

管理员模块包括员工信息的添加和修改、员工信息的查询、进入普通员工页面、重新登录的设计。系统管理员事先为每位用户分配好用户名和密码，这种类型的用户只能访问普通员工的相关页面，不允许访问单位领导进入的页面。

4. 员工请假批示、员工请假查询

单位领导模块包括请假条批示、员工请假查询、进入普通员工页面、重新登录界面的设计。系统管理员事先为每位用户分配好用户名和密码，这种类型的用户可以访问普通用户、管理员及单位领导相关页面。

图 7-6 给出了系统考勤管理模块中关于请假部分的用例图。

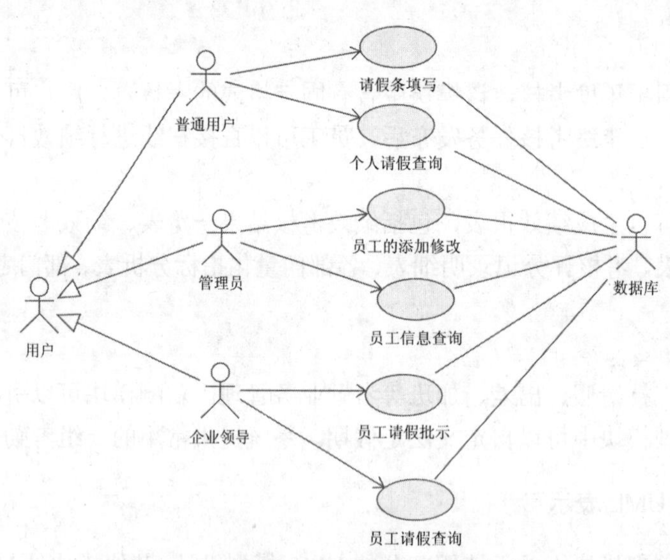

图 7-6 人事管理系统用例图（请假部分）

第8章　需求分析

需求获取阶段发现的问题能不能完全用计算机解决，还需要进一步分析。需求分析阶段就是进一步把需求获取阶段得到的文档转化成计算机软件能够实现的需求规格说明书。面向对象分析侧重于理解问题，描述软件要做什么。

本章介绍面向对象分析的方法及如何用UML图来表示说明。

如何细化分析问题？并将其表示成软件开发人员能够看懂的文档？

本章知识要点

（1）需求分析的重要性。

（2）需求分析的技术和UML表示。

兴趣实践

名词抽取法如何抽取名词？

探索思考

规格说明书是用户和开发人员都需要看懂的文档，如何清楚地描述？

预习准备

复习传统软件工程方法的需求分析的相关知识。

8.1　确定客户需要什么

分析模型有三种用途：用来明确问题需求；为用户和开发人员提供明确需求；为用户和开发人员提供一个协商的基础，作为后续的设计和实现的框架。

分析阶段主要考虑所要解决的问题，可用UML的逻辑视图和动态视图来描述，类图描述系统的静态结构，协作图、序列图、活动图和状态图描述系统的动态特征，在分析阶段，只为问题领域的类建模，不定义软件系统的解决方案的细节，如用户接口的类、数据库等。

面向对象分析过程一般要从不同的视角观察和分析软件系统，并相应地产生以下三种分析模型。任何一个模型的缺失或者不完善，都将导致最终的设计质量不高，甚至可能导致最终的系统没有实现业务需求。

功能模型：把用户的功能性需求转化为开发人员和用户都能理解的一种表达方式，其结果就是形成用例模型。从这个意义上说，用例分析也是面向对象分析工作的组成部分。在本分析阶段，将细化用例分析文档。

对象模型：通过对用例模型的分析，把系统分解成互相协作的分析类。一般情况下，通过类图和对象图来描述系统中的所有对象、对象的属性及对象之间的相互关系。对象模型是系统的静态模型。

动态模型：描述系统的动态行为。一般通过顺序图和协作图来描述系统中对象之间的交互关系，以揭示所有对象如何通过分工协作来实现每个具体用例：通过状态图来描述系统中单个对象的状态变化情况，以揭示单个对象的动态行为。通过活动图得到事件流的执行情况描述。

只有结合静态模型和动态模型，才能够真正地将一个系统描述清楚。静态模型和动态模型对于后续的编码也具有不同的指导意义。静态模型主要用于指导类的声明，包括类名称、属性名、方法名；而动态模型主要用于指导类的实现，还有每个方法内部的具体实现。

试着分析整体论、系统论以及复杂网络的必要性。

RUP 过程中建议使用以架构为中心的 UML 描述方法，也就是说一个确定的基本系统架构是非常重要的，并且在过程的早期就要建立这个架构，系统架构是由不同模型的一组视图表达的，一般包括逻辑视图、并发视图、组件视图和配置视图，而用例视图则把这四种视图联系在一起，如图 8-1 所示。

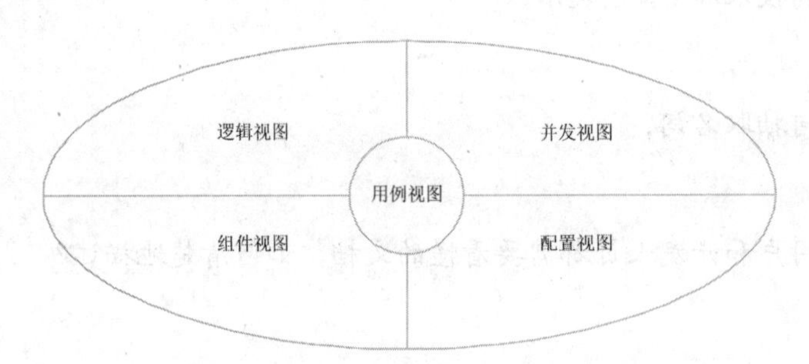

图 8-1　UML 的视图体现了系统的架构

（1）用例视图强调从用户的角度看到的或需要的系统功能，这种视图也称为用户模型视图。视图中用例图描述系统的功能。

（2）逻辑视图展现系统的静态或结构组成及特征，也称为结构模型视图或静态视图。视图中类图描述系统的静态结构，对象图描述系统在某个时刻的静态结构。

（3）并发视图体现了系统的动态或行为特征，也称为行为模型视图、过程视图、动态视图。其中序列图按时间顺序描述系统元素间的交互；协作图主要按照空间顺序描述系统元素间的交互和它们之间的关系；状态图描述了系统元素的状态条件和响应；活动图描述了系统元素的活动。

（4）组件视图体现了系统实现的结构和行为特征，也称为实现模型视图和开发视图，其中组件图描述了实现系统的元素的组织。

（5）配置部署视图体现了系统实现环境的结构和行为特征，也称为环境模型视图或物理视图。其中部署图描述了环境元素的配置，并把实现系统的元素映射到配置上。

架构是系统的映射，它定义了系统的不同组成部分、它们之间的关系和交互、通信机制以及一些整体规则、如何修改系统组件、如何添加新组件等，好的架构强调系统的功能和非功能方面。

8.2 需求分析方法

8.2.1 面向对象分析方法

面向对象分析（OOA）方法，是在一个系统的开发过程中进行了系统业务调查以后，按照面向对象的思想来分析问题。

1）处理复杂问题的原则

用OOA方法对所调查结果进行分析处理时，一般依据以下几项原则。

（1）抽象：指为了某一分析目的而集中精力研究对象的某一性质，它可以忽略其他与此目的无关的部分。在使用这一概念时，必须承认客观世界的复杂性，也知道事物包括多个细节，但此时并不打算完整地考虑它。抽象是科学地研究和处理复杂问题的重要方法。抽象机制被用在数据分析方面，称为数据抽象。数据抽象是OOA的核心。数据抽象把一组数据对象以及作用在其上的操作组成一个程序实体。使得外部只知道它是如何做和如何表示的。在应用数据抽象原理时，系统分析人员必须确定对象的属性以及处理这些属性的方法，并借助方法获得属性。在OOA中属性和方法被认为是不可分割的整体。

（2）封装（信息隐蔽）：是指在确定系统的某一部分内容时，应考虑到其他部分的信息及联系都在它的内部进行，外部各部分之间的信息联系应尽可能少。

（3）继承：是指能直接获得已有的性质和特征而不必重复定义它们。OOA可以一次性地指定对象的公共属性和方法，然后特化和扩展这些属性及方法为特殊情况，这样可大大地减轻在系统实现过程中的重复劳动。在共有属性的基础之上，继承者也可以定义自己独有的特性。

（4）相关：是指把某一时刻或相同环境下发生的事物联系在一起。

（5）消息通信：是指在对象之间互相传递信息的通信方式。

（6）组织方法：在分析和认识世界时，可综合采用如下三种组织方法：①特定对象与其属性之间的区别；②整体对象与相应组成部分对象之间的区别；③不同对象类的构成及其区别等。

（7）比例：是一种运用整体与部分原则，辅助处理复杂问题的方法。

（8）行为范畴：是针对被分析对象而言的，它们主要包括基于直接原因的行为、时变性行为、功能查询性行为。

2）OOA方法的基本步骤

在用OOA方法具体地分析一个事物时，大致遵循如下两个步骤。

（1）确定系统的逻辑模型：①确定对象和类。这里所说的对象是对数据及其处理方式的抽象，它反映了系统保存和处理现实世界中某些事物的信息的能力。类是多个对象的共同属性和方法集合的描述，它包括如何在一个类中建立一个新对象的描述。②确定结构。结构是指问题域的复杂性和连接关系。类成员结构反映了泛化-特化关系，整体-部分结构反映整体和局部之间的关系。

（2）确定系统的过程模型：状态图、活动图、顺序图、协作图。

8.2.2 面向对象分析

系统分析的第一步是陈述需求。分析者必须同用户检查需求获取阶段得到的用例模型一块工作来提炼需求，因为这样才表示了用户的真实意图，其中涉及对需求的分析及查找丢失的信息。

8.2.3 建立逻辑模型

类图的建模分析步骤如下。

（1）寻找出需求中的名词（候选对象）。

（2）合并含义相同的名词，排除范围以外的名词，并寻找隐含的名词。

（3）去掉只能作为类属性的名词。

（4）剩下的名词就是要找的分析类（候选类）。

（5）根据常识、问题域、系统责任确定该类有哪些属性。

（6）补充该类的动态属性，如状态、对象间联系（如聚合、关联）等属性。

（7）补充每个类的分析文档，为类的进一步设计打下基础。

类的识别方法如下。

定义类的基础是系统的需求规格说明，通过分析需求说明文档，从中找到需要定义的类。而原始需求由文字描述而成，就是由名词、动词、形容词等按照一定的规则组合而成，名词一般被识别成类或属性，动词一般被识别成操作，形容词一般被识别成性能属性。

一个名词被识别成属性还是类，与该软件业务有很大的关系，通常如果一个名词有另外的名词作为附属，或有一个动词受此名词的支配，那么该名词就是类，其次要寻找隐含在字里行间的名词，合并含义相同的名词。

下面列出一些可以帮助建模者定义类的问题。

（1）有没有一定要存储或分析的信息，如果存在需要存储、分析或处理的信息，那么该信息可能就是一个类，这里讲的信息可以是概念，该概念总在系统中出现。也可以是事件或事务，它发生在某一时刻。

（2）有没有外部系统，如果有外部系统可以看作类，该类可以是本系统所包含的类，也可以是本系统与之交互的类。

（3）有没有模板、类库、组件等，如果手头上有这些东西，它们通常应作为类，模板、类库、组件可以来自原来的工程，或别人赠送或从厂家购买。

（4）系统中是否有被控制的设备，凡是与系统相连的任何设备都要有对应的类，通过这些类控制设备。

（5）有无需要表示的组织机构，在计算机系统中表示组织机构通常用类，特别是构建商务模型时用得更多。

（6）系统中有哪些角色，这些角色也可以看成类，如用户、系统操作员、客户等。

这些寻找出来的待定类，经过反复整理、筛选，最后形成候选类。

类的属性是类的一个描述特征，如果一个类没有这个属性，就不能保持语义的完整性，这也是属性取舍的依据，系统分析时，人们往往只关心与特定系统有关的属性。

和类的来源一样，属性也是来源于原始需求中的名词。其次属性具有另外一个重要的特征就是原子性，即属性不能再分解。同时也不能从其他属性推出这个属性。寻找属性时，一般要从类的实例即对象来着手，并从以下几方面考虑。

（1）按一般常识这个对象有哪些属性。

（2）在当前问题域该对象有哪些属性。

（3）根据系统责任，这个对象应该有哪些属性。

（4）为了实现某些功能，对象需要增加哪些属性。

（5）对象有哪些区别的状态。

（6）对象整体和部分属性设置。

类的操作位于类内部，用来操作属性或进行其他动作，只适合这个类的所有对象。操作签名是指操作的返回类型、名称、参数。它是操作完成所必要的全部信息，类的操作是通过类的对象调用来实现的。寻找操作也要从类的实例即对象着手，并从以下几方面考虑。

（1）从需求中的功能寻找对象的操作。

（2）系统行为推迟到设计阶段。

（3）暂不考虑对象中读、写属性这样的操作。

（4）根据系统责任，这个对象应该有哪些操作。

（5）分析对象的状态转换，寻找操作。

（6）追踪流程，寻找操作。

（7）类本身要使用哪些操作来维护信息更新以及信息的一致性和完整性。

8.2.4 以银行网络系统为例寻找类并建立类模型

银行网络系统问题陈述：设计支持银行网络的软件，银行网络包括人工出纳和分行共享的自动出纳机。每个分理处用分理处计算机来保存各自的账户、处理通信、出纳站账户和事务数据；自动出纳机与分行计算机通信，分行计算机与拨款分理处结账，自动出纳机与用户接口接受现金卡，与分行计算机通信完成事务，发放现金，打印收据；系统需要记录保管和安全措施；系统必须正确处理同一账户的并发访问；每个分理处为自己的计算机准备软件，银行网络费用根据顾客和现金卡的数目分摊给各分理处。

首先标识类和关联，因为它们影响了整体结构和解决问题的方法，其次是增加属性，进一步描述类和关联的基本结构，使用继承合并和组织类。

1. 确定类

构造对象模型的第一步是标出来自问题域的相关对象类，对象包括物理实体和概念。所有类在应用中都必须有意义，在问题陈述中，并非所有类都是明显给出的，有些是隐含在问题域或一般知识中的。

查找问题陈述中的所有名词，产生如下暂定类：

软件、银行网络、出纳员、自动出纳机、分行、分处理、分处理计算机、账户、事务、出纳站、事务数据、分行计算机、现金卡、用户、现金、收据、系统、顾客、费用、账户数据、访问、安全措施、记录保管。

根据下列标准去掉不必要的类和不正确的类。

（1）冗余类：若两个类表述了同一个信息，则保留最富有描述能力的类。如“用户”和“顾客”就是重复的描述，因为“顾客”最富有描述性，所以保留它。

（2）不相干的类：除掉与问题没有关系或根本无关的类。例如，摊派费用超出了银行网络的范围。

（3）模糊类：类必须是确定的，有些暂定类边界定义模糊或范围太广，如“记录保管”就是模糊类，它是“事务”的一部分。

（4）属性：某些名词描述的是其他对象的属性，则从暂定类中删除。如果某一性质的独立性很重要，就应该把它归属成类，而不把它作为属性。

（5）操作：如果问题陈述中的名词有动作含义，则描述的操作就不是类。但是具有自身性质而且需要独立存在的操作应该描述成类。例如，只构造电话模型，“拨号”就是动态模型的一部分而不是类，但在电话拨号系统中，“拨号”是一个重要的类，它有日期、时间、受话地点等属性。

在银行网络系统中，模糊类是“系统”、“安全措施”、“记录保管”、“银行网络”等。属于属性的有“账户数据”、“收据”、“现金”、“事务数据”。属于实现的有“访问”、“软件”等。这些均应除去。

通过上述分析，最后确定系统的类有分行计算机、分行、出纳站、出纳员、分理处、分理处计算机、自动出纳机、账户、现金卡、事务、顾客。

2. 确定关联

两个或多个类之间的相互依赖就是关联。可用各种方式来实现关联，但在分析模型中应删除实现的考虑，以便设计时更加灵活。关联常用描述性动词或动词词组来表示，其中有物理位置的表示、传导的动作、通信、所有者关系、条件的满足等。从需求的问题陈述中抽取所有可能的关联表述，把它们记下来，但不要过早细化这些表述。

下面是银行网络系统中所有可能的关联，大多数是直接抽取问题中的动词词组而得到的。在陈述中，有些动词词组表述的关联是不明显的。最后，还有一些关联与客观世界或人的假设有关，必须同用户一起核实这种关联，因为这种关联在问题陈述中找不到。

银行网络问题陈述中的关联：银行网络包括出纳站和自动出纳机；分行共享自动出纳机；分理处提供分理处计算机；分理处计算机保存账户；分理处计算机处理账户支付事务；分理处拥有出纳站；出纳站与分理处计算机通信；出纳员为账户录入事务；自动出纳机接受现金卡；自动出纳机与用户接口；自动出纳机发放现金；自动出纳机打印收据；系统处理并发访问；分理处提供软件；费用分摊给分理处。

隐含的动词词组：分行由分理处组成；分理处拥有账户；分行拥有分行计算机；系统提供记录保管；系统提供安全；顾客拥有现金卡。

基于问题域知识的关联：分理处雇佣出纳员；现金卡访问账户。

使用下列标准去掉不必要和不正确的关联。

（1）若某个类已被删除，那么与它有关的关联也必须删除或者用其他类来重新表述。例如，删除了“银行网络”，相关的关联也要删除。

（2）不相干的关联或实现阶段的关联：删除所有问题域之外的关联或涉及实现结构中的关联。例如，“系统处理并发访问”就是一种实现的概念。

（3）动作：关联应该描述应用域的结构性质而不是瞬时事件，因此应删除“自动出纳机接受现金卡”、“自动出纳机与用户接口”等。

（4）派生关联：省略那些可以用其他关联来定义的关联，因为这种关联是冗余的。

3. 确定属性

属性不可能在问题陈述中完全表述出来，必须借助应用域的知识及对客观世界的知识才可以找到它们。只考虑与具体应用直接相关的属性，不要考虑那些超出问题范围的属性。首先找出重要属性，避免只用于实现的属性，要为各个属性定义有意义的名字。按下列标准删除不必要的和不正确的属性。

（1）对象：若实体的独立存在比它的值重要，那么这个实体不是属性而是对象。例如，在邮政目录中，“城市”是一个属性，然而在人口普查中，“城市”被看作对象。在具体应用中，具有自身性质的实体一定是对象。

（2）限定词：若属性值取决于某种具体上下文，则可考虑把该属性重新表述为一个限定词。

（3）名称：名称常常作为限定词而不是对象的属性，当名称不依赖于上下文关系时，名称即为一个对象属性，尤其是当它不唯一时。

（4）标识符：在考虑对象模糊性时，引入对象标识符，在对象模型中不列出这些对象标识符，它是隐含在对象模型中，只列出存在于应用域的属性。

（5）内部值：若属性描述了对外不透明的对象的内部状态，则应从对象模型中删除该属性。

（6）细化：忽略那些不可能对大多数操作有影响的属性。

4. 使用继承细化类

使用继承来共享公共机构，以此来组织类，可以用两种方式实现。

（1）自底向上通过把现有类的共同性质一般化为父类，寻找具有相似的属性、关系或操作的类来发现继承。例如，“远程事务”和“出纳事务”是类似的，可以一般化为“事务”。有些一般化结构常常是基于客观世界边界的现有分类，只要可能，尽量使用现有概念。对称性常有助于发现某些丢失的类。

（2）自顶向下将现有的类细化为更具体的子类。具体化常常可以从应用域中明显看出，应用域中各枚举情况是最常见的具体化的来源。例如，菜单有固定菜单、顶部菜单、弹出菜单、下拉菜单等，于是可以把菜单类具体细化为各种具体菜单的子类。当同一关联名出现多次且意义相同时，应尽量具体化为相关联的类，例如，“事务”从“出纳站”和“自动出纳机”进入，则“录入站”就是“出纳站”和“自动出纳站”的一般化。在类层次中，可以为具体的类分配属性和关联。各属性都应分配给最一般的适合的类，有时也加上一些修正。

应用域中各枚举情况是最常见的具体化的来源。

5. 完善对象模型

对象建模不可能一次保证模型是完全正确的，软件开发的整个过程就是一个不断完善的过程。模型的不同组成部分多半是在不同阶段完成的，如果发现模型的缺陷，就必须返回前期阶段修改，有些细化工作是在动态模型和功能模型全部完成之后才开始进行的。

1）几种可能丢失对象的情况及解决办法

（1）若同一类中存在毫无关系的属性和操作，则分解这个类，使各部分相互关联。

（2）一般化体系不清楚，则可能分离扮演两种角色的类。

（3）存在无目标类的操作，则找出并加上失去目标的类。

（4）存在名称及目的相同的冗余关联，则通过一般化创建丢失的父类，把关联组织在一起。

2）查找多余的类

若类中缺少属性、操作和关联，则可删除这个类。

3）查找丢失的关联

若丢失了操作的访问路径，则加入新的关联以回答查询。

依据银行网络系统的具体情况作如下修改。

（1）现金卡有多个独立特性。把它分解为两个对象，即卡片权限和现金卡：①卡片权限，它是银行用来鉴别用户访问权限的卡片，表示一个或多个用户账户的访问权限；各个卡片权限对象中可能具有好几个现金卡，每张都带有安全码、卡片码，它们附在现金卡上，表示银行的卡片权限；②现金卡，它是自动出纳机得到表示码的数据卡片，也是银行代码和现金卡代码的数据载体。

（2）“事务”不能体现对账户之间的传输描述的一般性，因它只涉及一个账户，一般来说，在每个账户中，一个“事务”包括一个或多个“更新”，一个“更新”是对账户的一个动作，它们是取款、存款、查询之一。一个“更新”中所有“更新”应该是一个原子操作。

（3）“分理处”和“分行处理机”之间，“分行”和“分行处理机”之间的区别似乎并不影响分析，计算机的通信处理实际上是实现的概念，将“分理处计算机”并入“分理处”，将“分行计算机”并入“分行”。

8.2.5 建立过程模型

（1）准备场景。用例是抽象的功能需求，具体到实际运行中的用例则表现为场景形式。动态分析从寻找场景的事件开始，然后确定各对象可能的事件顺序。在分析阶段不考虑算法的执行，算法是设计模型的一部分。

（2）确定事件。确定所有外部事件。事件包括所有来自或发往用户的信息、外部设备的信号、输入、转换和动作，可以发现正常事件，但不能遗漏条件和异常事件。

（3）准备事件跟踪表。把场景表示成一个事件跟踪表，即不同对象之间的事件排序表，对象为表中的列，给每个对象分配一个独立的列。

（4）构造状态图、活动图、顺序图、协作图。

1. 状态图的建模分析步骤

（1）确定进行系统控制的对象，也可以从顺序图中寻找。

（2）确定对象的起始状态和结束状态。

（3）在对象的整个生命周期寻找有意义的控制状态。

（4）寻找状态之间的转换。

(5) 补充引起转换的事件。
(6) 用 UML 建模工具画状态图。
(7) 补充必要的文档。

如果开发一个 3D 桌球软件，其中球的状态如何表达？

2. 活动图建模的步骤

(1) 在采集的原始需求中选择重点流程。
(2) 确定要设计的活动图是针对业务流程还是用例的。
(3) 设计活动过程的起点和终点。
(4) 确定活动图的所有执行对象。
(5) 确定活动节点，并根据执行对象进行活动分组。①如果对用例建活动图，则把角色所发出的每一个动作变为活动节点；②如果对业务流程建活动图，则把每一个流程步骤（或片段）变为活动节点。
(6) 确定活动节点之间转移。
(7) 处理在活动节点之间的分支和合并。
(8) 处理在活动节点之间的分叉和汇合。
(9) 用 UML 建模工具进行活动图建模。
(10) 编写必要的补充文档。

3. 顺序图的建模分析步骤

(1) 完成用例图的细致分析。
(2) 对每个用例，识别出参与基本事件流的对象（包括接口、子系统、角色等）。
(3) 识别这些对象是主动对象还是被动对象。
(4) 识别这些对象发出的消息是同步消息还是异步消息。
(5) 从主动对象开始向接收对象发送消息。
(6) 接收对象调用自己的服务为主动对象返回结果。
(7) 如果接收对象需要调用其他对象的服务，则需要向其他对象再发送消息。
(8) 如此反复，最后返回给主动对象有意义的结果。
(9) 用 UML 建模工具绘出顺序图。
(10) 给顺序图补充必要的说明文档。

4. 协作图的建模分析步骤

(1) 完成用例图的分析。
(2) 对每个用例，识别参与基本事件流的对象（包括接口、子系统、角色等）。
(3) 识别对象间的连接关系。
(4) 识别这些对象发出的消息顺序。

（5）从主动对象开始向接收对象发送消息。

（6）接收对象调用自己的服务为主动对象返回结果。

（7）如果接收对象需要再调用其他对象的服务，则需要向其他对象再发送消息。

（8）如此反复，最后返回给主动对象有意义的结果。

（9）用 UML 建模工具绘出协作图。

（10）给协作图补充必要的说明文档。

如果开发一个班级信息管理系统，点名功能如何用几个类来协同实现？

8.3 路线图

分析过程：（1）类抽取：①进一步细化分析系统的功能模型（即用例的场景分析）；②画出类图，对象图；③画出动态模型（用状态图、活动图表示）。（2）细化和实现用例，画出协作图，顺序图。分析得到的文档可用图 8-2 所示模板表示。

a. 引言 a.1 目的 a.2 文档约定 a.3 预期的读者和阅读建议 a.4 产品的范围 a.5 参考文献	d. 系统特性 d.1 说明和优先级 d.2 激励/响应序列 d.3 功能需求
b. 综合描述 b.1产品的前景 b.2 产品的功能 b.3 用户类和特征 b.4 运行环境 b.5 设计和实现上的限制 b.6 假设和依赖	e. 其他非功能需求 e.1 性能需求 e.2 安全设施需求 e.3 安全性需求 e.4 软件质量属性 e.5 业务规则 e.6 用户文档
c. 外部接口需求 c.1 用户界面 c.2 硬件接口 c.3 软件接口 c.4 通信接口	f. 其他需求 附录 A:词汇表 附录 B:分析模型 附录 C:待确定问题的列表

图 8-2 需求规格说明书模板

8.4 分析人事管理系统案例

我们在 7.6 中提到的人事管理系统案例的部分系统设计类图如下。

普通员工：提供了两个方法，即请假条填写与个人请假查询方法。

管理员类：此类其实就是普通员工类的子类，其方法为普通员工资料的添加与员工信息的查询。

公司领导类：此类也是普通员工的子类，其方法为请假条的批示与员工请假查询。

图 8-3 给出了请假模块的设计类图。

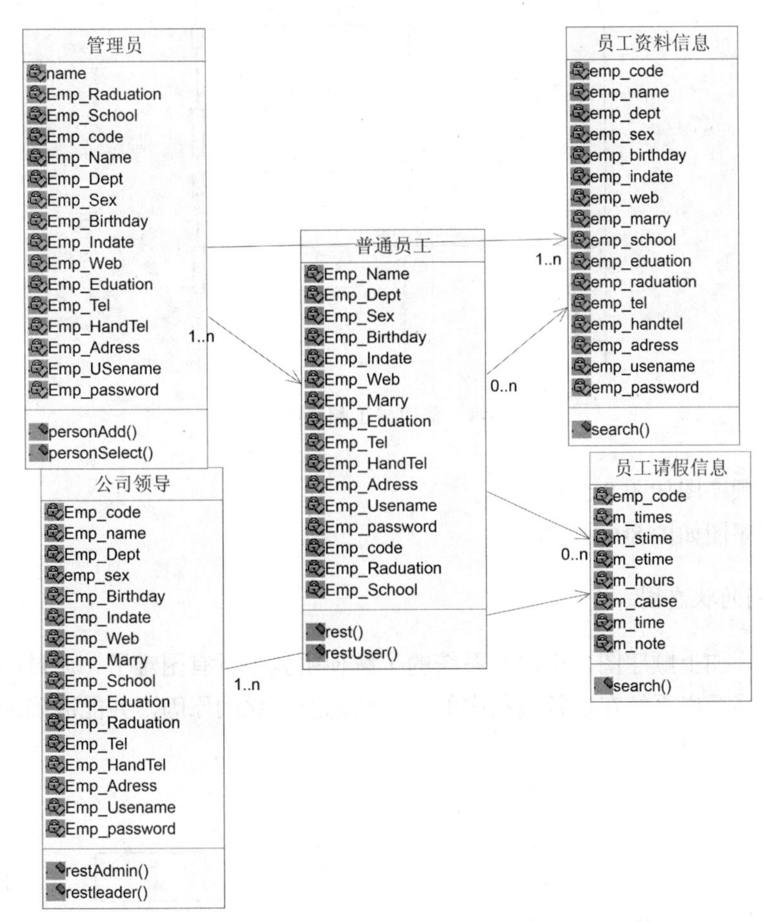

图 8-3 请假模块的设计类图

1. 核心用例的顺序图

由于在此系统中，所有提供的功能中有部分是相同或相似的，所以只提供了一个图作为学习参考。通过顺序图，对系统的功能及操作流程会有非常准确的了解，让用户能快速上手使用系统。

（1）普通员工顺序图如图 8-4 所示。

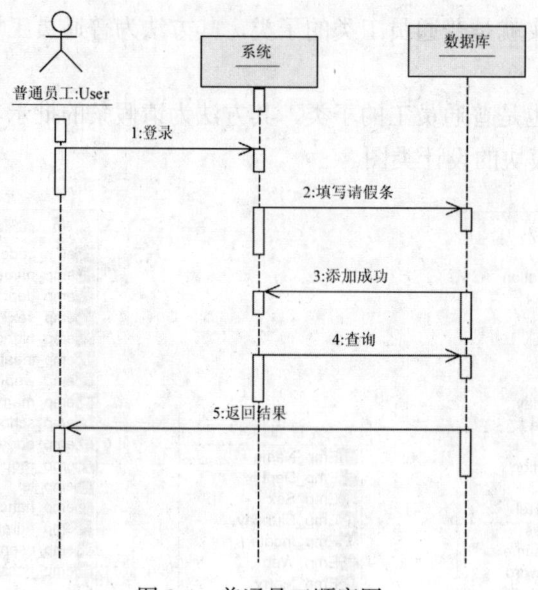

图 8-4　普通员工顺序图

（2）管理员顺序图如图 8-5 所示。

（3）领导顺序图如图 8-6 所示。

2. 核心用例的状态图

通过状态图，加上顺序图，用户对系统的了解使用就不再有困难了。通过图 8-7 的状态图，可以明确地展示出系统在运行过程中的各个状态及变化的原因，并能准确地知道系统的动作。

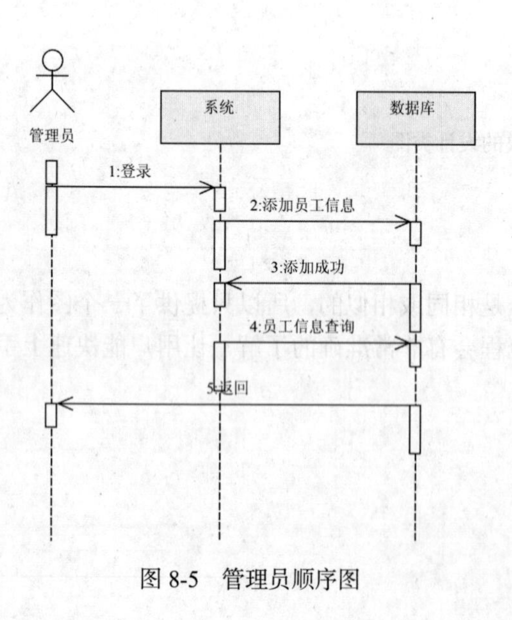

图 8-5　管理员顺序图

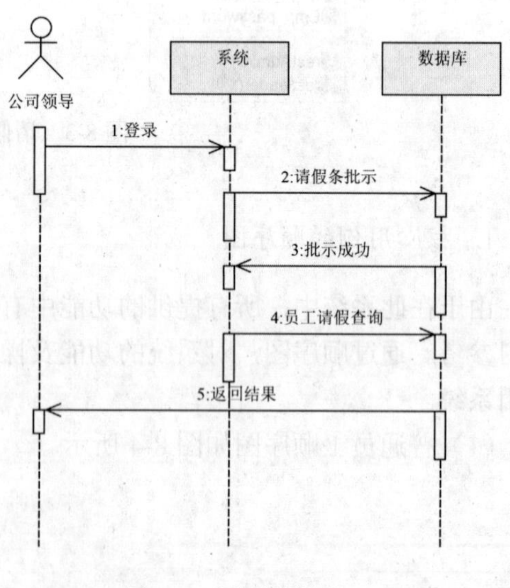

图 8-6　领导顺序图

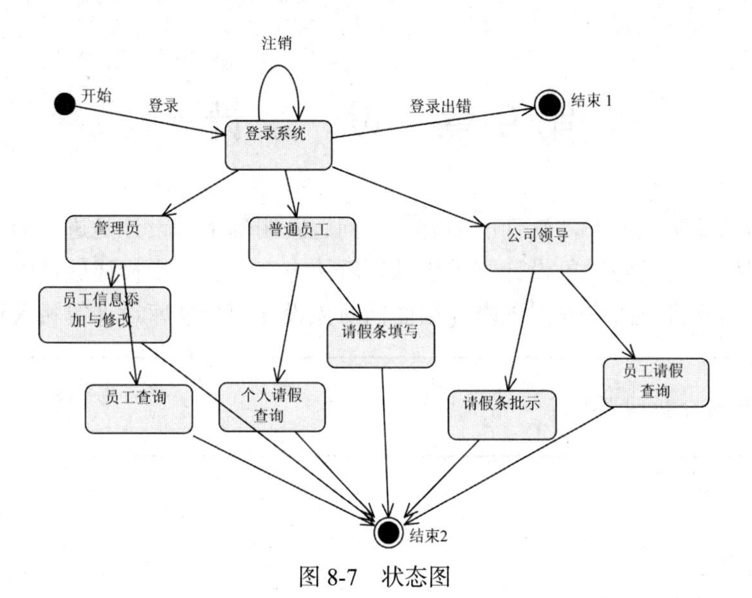
注销
开始
登录
登录系统
登录出错
结束 1
管理员
普通员工
公司领导
员工信息添加与修改
请假条填写
员工查询
个人请假查询
请假条批示
员工请假查询
结束2

图 8-7　状态图

第9章　设　　计

有了软件需求规格说明书，软件所要解决的问题就明确了，设计是进一步考虑用计算机软件系统解决问题。而面向对象设计侧重于理解解决方案，进一步描述软件类的细节。如何做好软件设计是本章讲述的内容，同时介绍面向对象设计中数据库设计等相关环节。

	如何分析问题？

本章知识要点

（1）设计的内容。

（2）如何做好面向对象的设计。

兴趣实践

软件行业工作如何定位？工作中不同的工种有哪些？软件设计师、测试师、维护工程师的工作主要包括哪些内容？

探索思考

传统软件工程中的概要设计和面向对象设计的区别是什么？

预习准备

复习传统软件工程方法的设计知识及面向对象程序语言的继承和多态的知识。

9.1　设计介绍

	传统软件工程中管理系统是如何进行设计的?其优缺点各是什么?

面向对象设计（OOD）方法是面向对象方法中一个中间过渡环节，其主要作用是对OOA的结果作进一步规范化整理，以便能够被OOP直接接受，如图9-1所示。在OOD过程中，主要有如下几项工作。

1）对象定义规格的求精过程

对于OOA所抽象出来的对象、类以及汇集的分析文档，OOD需要有一个根据设计要求整理和求精的过程，使之更符合OOP的需要。

面向对象设计是以面向对象分析阶段产生的分析模型作为输入，通过对分析模型中所有对象的分析，细化对象的属性和操作，指定对象属性的详细类型，补全对象之间的关系，通过不断细化把分析模型转化成描述如何解决问题、如何实现软件系统的更详细的对象模型。此后，面向对象设计工作也需要根据面向对象分析阶段产生的动态模型，在更贴近具体实现的层面详细描述系统中所有对象的交互关系，产生最终的、可直接用于代码编写的动态模型。利用面向对象设计的结果，实现阶段的程序员可以很容易地完成编码和测试工作。

2）数据模型和数据库设计

数据模型的设计需要确定类、对象属性的内容、消息连接的方式、系统访问、数据模型的方法等。最后每个对象实例的数据都必须落实到面向对象的库结构模型中。

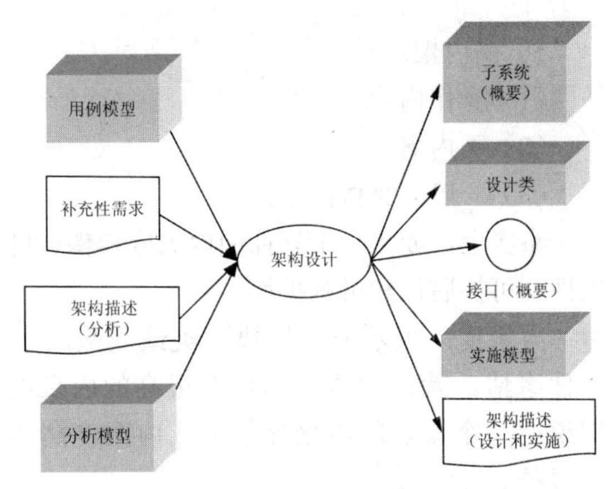

图 9-1　RUP 中的设计过程

如果开发一个网络商城，希望实现性价比的功能，在数据库中应该存储哪些相关的数据？

3）优化

OOD 的优化设计过程是从另一个角度对分析结果和处理业务过程的整理归纳，优化包括对象和结构的优化、抽象、集成。

9.2　面向对象设计

面向对象设计是把分析阶段得到的需求转变成符合成本和质量要求的、抽象的系统实现方案的过程。从面向对象分析到面向对象设计是一个逐渐扩充模型的过程。

瀑布模型把设计进一步划分成概要设计和详细设计两个阶段，类似地，也可以把面向对象设计再细分为系统设计和对象设计。系统设计确定实现系统的策略和目标系统的高层结构。对象设计确定解空间中的类、关联、接口形式及实现操作的算法。

1. 面向对象设计的准则

1）模块化

面向对象开发方法很自然地支持把系统分解成模块的设计原则：对象就是模块。它是把数据结构和操作这些数据的方法紧密地结合在一起所构成的模块。

2）抽象

面向对象方法不仅支持过程抽象，而且支持数据抽象。

3）信息隐藏

在面向对象方法中，信息隐藏通过对象的封装性来实现。

4）低耦合度

在面向对象方法中，对象是最基本的模块，因此，耦合主要指不同对象之间相互关联的紧密程度。低耦合度是设计的一个重要标准，因为这有助于使得系统中某一部分的变化对其他部分的影响降到最低程度。

5）高内聚

（1）操作内聚。

（2）类内聚。

（3）一般—具体内聚。

事实上，如果一个软件的内聚度和耦合度都符合要求，它也就自然具备了比较好的可复用性、可扩展件和可维护性。

内聚度：表示一个模块、类或函数所承担职责的自相关程度。如果一个模块只负责一件事情，就说明这个模块有很高的内聚度；如果一个模块负责很多毫不相关的事情，则说明这个模块的内聚度很低。内聚度高的模块通常很容易理解，很容易被复用、扩展和维护。

耦合度：表示模块和模块之间、类和类之间、函数和函数之间关系的亲密程度。耦合度越高，软件单元间的依赖性也就越强，软件的可维护性、可扩展性和可复用性就会相应地降低。在结构化程序设计语言中，如果两个函数访问了同一个全局变量，它们之间就具有了非常强的耦合度，如果它们都没有访问全局变量，它们彼此的耦合度则由二者互相调用时传递的信息量来决定。函数调用时，函数参数包含的信息越多，函数和函数之间的耦合度越大。在面向对象的程序设计语言中，类与类之间的耦合度由它们为了完成自己的职责而必须相互发送的消息及消息的参数来决定。

概括起来，较低的耦合度和较高的内聚度，也即“低耦合、高内聚”是所有优秀软件的共同特征。

2. 面向对象设计的启发规则

（1）设计结果应该清晰易懂。使设计结果清晰、易懂、易读是提高软件可维护性和可重用性的重要措施。显然，人们不会重用那些他们不理解的设计，这就要做到：①用词一致；②使用已有的协议；③减少消息模式的数量；④避免模糊的定义。

（2）一般—具体结构的深度应适当。

（3）设计简单类。应该尽量设计小而简单的类，这样便于开发和管理。为了保持简单，应注意：①避免包含过多的属性；②有明确的定义；③尽量简化对象之间的合作关系；④不要提供太多的操作。

（4）使用简单的协议。一般来说，消息中的参数不要超过 3 个。

（5）使用简单的操作。面向对象设计出来的类中的操作通常都很简短，一般只有 3～5 行源程序语句，可以用仅含一个动词和一个宾语的简单句子描述它的功能。

（6）把设计变动减至最小。通常设计的质量越高，设计结果保持不变的时间越长。即使出现必须修改设计的情况，也应该使修改的范围尽可能小。

3. 系统设计

系统设计是问题求解及建立解答的高级策略，必须制定解决问题的基本方法，系统的高层结构形式包括子系统的分解、它的固有并发性、子系统分配给硬软件、数据存储管理、资源协调、软件控制实现、人机交互接口。

4. 类的详细设计

类的进一步详细设计包括以下内容。

（1）分析确定在问题空间和解空间出现的全部对象及其属性。

（2）确定应施加于每个对象的操作并迭代优化：①从需求中的动词、功能或系统责任中寻找类的操作（候选操作）；②从状态转换、流程跟踪、系统管理等方面补充类的操作；③对所寻找的操作进行合并、筛选；④对所寻找的操作在类间进行合理分配（职责分配），形成每个类操作。

5. 系统实现设计

组件图和部署图建模是整个建模的最后部分，在这里有三个重要的建模元素，即制品、组件、节点，制品是一个真实的物理实现，与平台有很大的关系，组件是对制品的一种软件逻辑管理，是类图的一个映射，节点是一个物理的环境，制品只有部署到节点上，才能发挥其作用。节点之间用关联连接，节点和制品之间用依赖连接，组件之间用依赖连接，节点内部包含组件，组件内部包含制品。

前面介绍的用例是系统层次，静态分析是类层次，动态分析是对象层次的，现在要分析的组件是子系统层次的，组件是实现阶段的建模元素，而类是分析阶段的建模元素。

组件实际上是由软件的一个个具体物理实现构成的，这些实现不外乎代码和相关的文档，它们统称制品。由于子系统往往对应一个业务过程，所以组件图也是对一个过程的描述。

如果开发一个 3D 建模软件，其中重要的组件有哪些？重用组件有什么好处？

部署图是以软件运行时的硬件节点为中心，从静态方面反映软件与硬件的关系，包括硬件之间的连接关系、软件在硬件上的部署关系以及系统与环境的关系。部署图既表现出各个硬件节点和它们之间的连接关系，又表现出逻辑组件在硬件上的部署关系。

9.3 路线图

1）结构设计

细化类的属性格式和操作及关系约束。

2）数据库设计

根据类图得到 E-R 图，并进一步细化设计数据库的表。

3）组件和部署设计

在大中型系统中，还要完成系统的部署设计，画出组件和部署图。

4）详细设计

根据用例图及活动图细化类操作中的相关算法。

9.4 设计案例

9.4.1 系统结构设计

给出人事管理系统部分细化后的类图（参见上一章的类图）。

9.4.2 核心用例的组件图

组件图描述了该系统中各个构件的部署情况。通过图 9-2 的组件图，用户可以了解系统中的部署关系，方便使用，对于今后系统的维护人员了解系统的结构也提供不小的帮助。

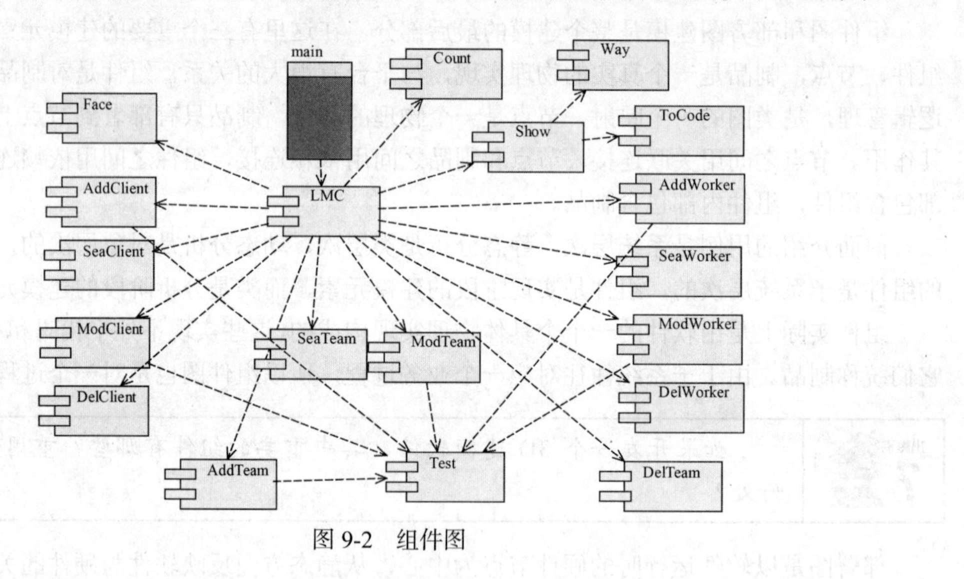

图 9-2　组件图

部署图用来描述系统运行时软件和硬件的物理配置。其中硬件配置包含硬件节点及其连接关系，软件配置包含各构件在硬件节点上的分布情况，如图 9-3 所示。

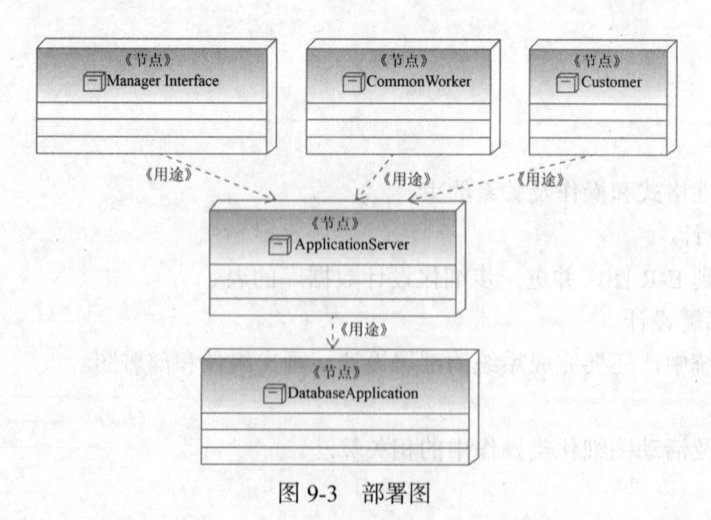

图 9-3　部署图

9.4.3　系统数据库设计

在 UML 中，类图定义了应用程序所需要的数据结构，用实体类以及实体类之间的关系来为数据库中持久存在的数据结构建模。因此，需要将实体类映射为可以被数据库识别的数据结构。

图 9-4 给出了人事管理系统部分模块的 E-R 图。

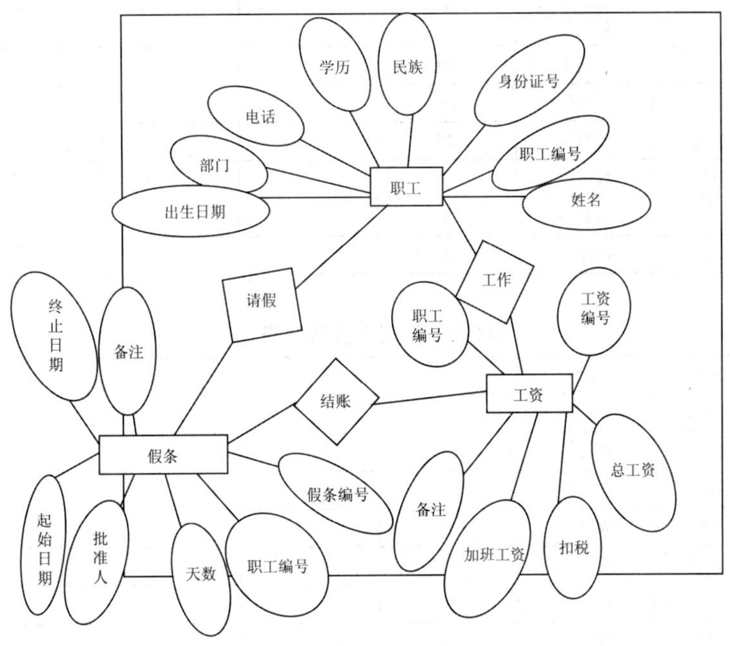

图 9-4　E-R 图

表 9-1～表 9-3 给出了人事管理系统部分模块的数据表。

表 9-1　职工信息数据表

字段	字段名	类型	宽度/bit	小数位	索引	排序	Null
1	职工编号	数值型	11				否
2	姓名	字符型	20				否
3	身份证号	字符型	18				否
4	民族	字符型	10				否
5	性别	字符型	4				否
6	出生日期	字符型	20				否
7	毕业学校	字符型	20				否
8	学历	字符型	20				否
9	部门	字符型	20				否
10	职称	字符型	20				否
11	领导	字符型	20				否
12	电话	字符型	20				否
13	Email	字符型	20				否
14	EDIT	数值型	11				否
15	EDITTIME	日期型	8				否
16	备注	备注型	50				否

表 9-2　请假信息数据表

字段	字段名	类型	宽度/bit	小数位	索引	排序	Null
1	假条编号	字符型	6				否
2	职工编号	数值型	11				否
3	起始日期	字符型	20				否
4	终止日期	字符型	20				否
5	天数	数值型	6				否
6	原由	字符型	50				否
7	状态	字符型	20				否
8	批准人	字符型	20				否
9	EDIT	数值型	11				否
10	EDITTIME	日期型	8				否
11	备注	备注型	10				否

表 9-3　员工工资数据表

字段	字段名	类型	宽度/bit	小数位	索引	排序	Null
1	工资编号	字符型	50				否
2	职工编号	数值型	11				否
3	年份	数值型	6				否
4	月份	数值型	6				否
5	基本工资	数值型	11				否
6	加班工资	数值型	11				否
7	交通补助	数值型	11				否
8	总工资	数值型	11				否
9	考勤扣除	数值型	11				否
10	保险扣除	数值型	11				否
11	扣税	数值型	11				否
12	总扣除	数值型	11				否
13	实际工资	数值型	11				否
14	EDIT	数值型	11				否
15	EDITTIME	日期型	8				否
16	备注	备注型	10				否

第10章　实　　现

软件的需求、分析及设计完成后，得到软件的体系结构框图及详细的算法，最后一步是实现，即选择计算机软件语言编程来解决现实问题。本章讲述面向对象的实现，并给出人事管理系统案例的一些界面和算法代码。

	如何选择编程语言？

本章知识要点

（1）面向对象产生的原因。

（2）面向对象的思考方式。

兴趣实践

手机应用程序选择什么样的语言？Java是未来的发展方向吗？

探索思考

传统软件工程中管理系统是如何进行编程实现的?其优缺点各是什么?

预习准备

复习传统软件工程方法的编程知识及面向对象程序语言的编程知识。

10.1　对象实现

程序设计阶段把设计阶段的类转换成某种面向对象程序设计语言的代码。

10.1.1　程序设计语言

1. 选择面向对象语言

采用面向对象方法开发软件的基本目的和主要优点是通过重用提高软件的生产率。因此，应该优先选用能够最完善、最准确地表达问题域语义的面向对象语言。

	计算机软件语言有1000多种，适合系统应用、适合自己的才是好语言。

在选择编程语言时，应该考虑的因素还包括：对用户学习面向对象分析、设计和编码技术所能提供的培训操作；在使用该面向对象语言期间能提供的技术支持；能提供给开发人员使用的开发工具、开发平台，对机器性能和内存的需求；集成已有软件的容易程度。

2. 程序设计风格

（1）提高重用性。

（2）提高可扩充性。

（3）提高健壮性。

10.1.2　类的实现

在软件开发过程中，类的实现是核心问题。在用面向对象风格语言所写的系统中，所有的数据都被封装在类的实例中。而整个程序被封装在一个更高级的类中。在使用寄存部件的面向对象系统中，可以只花费少量时间和工作量来实现软件。只要增加类的实例，开发少量的新类和实现各个对象之间互相通信的操作，就能建立需要的软件。

一种方案是先开发一个比较小、比较简单的类作为开发比较大、比较复杂的类的基础。

（1）“原封不动”重用。

（2）进化性重用。一个能够完全符合要求的类可能并不存在，需要迭代地优化。

（3）废弃性开发。不用任何重用来开发一个新类。

（4）错误处理。一个类应是自主的，有责任定位和报告错误。

你想过开发一个运动会管理软件吗？软件可以帮助提高运动会场上的管理效率，可复用哪些软件的类？

10.1.3　应用系统的实现

应用系统的实现是在所有的类都被实现之后。实现一个系统是一个比用过程性方法更简单、更简短的过程。有些实例将在其他类的初始化过程中使用，而其余的必须用某种主过程显式地加以说明，或者当作系统最高层的类的表示的一部分。

例如，在 C++中有一个 main 函数，可以使用这个过程来说明构成系统主要对象的那些类的实例。

10.2　实现人事管理系统案例

10.2.1　系统登录界面

用户登录页面：主要是提供给管理人员登录的系统，登录后对员工的个人信息、工资信息、假条信息进行添加、修改、查询的一些基本操作。

用户登录界面主程序如下：

```
package classsource;
import java.awt.*;
import java.awt.event.*;
import javax.swing.*;
```

```
import java.sql.*;
public class Land extends JFrame{
JFrame jf ;
JTextField textName=new JTextField( );
JPasswordField textage=new JPasswordField( );
JLabel label = new JLabel("人事管理系统");
JLabel labelName=new JLabel("用户名: ");
JLabel labelage=new JLabel("密码: ");
JButton buttonEnter=new JButton("确认");
JButton buttoncancel=new JButton("取消");
public Land( ){
jf=this;
setTitle("确认");
Font f = Font("黑体",Font.PLAIN,14);
Container con = getContentPane( );
con.setLayout(null);
label.setBounds(100,15,115,25);
label.setFont(Font("黑体",Font.PLAIN,16));
con.add(label);
labelName.setBounds(50,45,60,25);
labelName.setFont(f);
con.add(labelName);
textName.setBounds(100,45,125,25);
con.add(textName);
labelage.setBounds(50,75,50,25);
con.add(labelage);
labelage.setFont (f) ;
textage.setBounds(100,75,125,25);
con.add(textage);
buttonEnter.setBounds(95,115,65,25);
buttonEnter.setFont(f);
con.add(buttonEnter);
```

用户登录界面如图 10-1 所示。

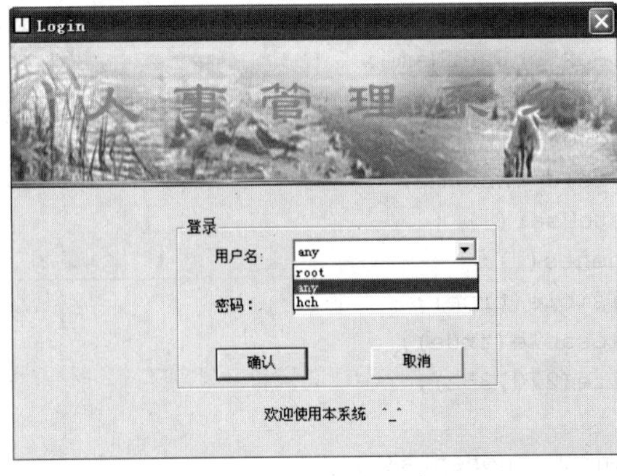

图 10-1 用户登录界面

10.2.2 员工信息界面

在登录界面中输入用户名 any 和密码 any，进入员工信息界面。表格中显示员工的基本信息，当切换到不同用户的标签时，下面会显示当前用户的基本信息，拖动滚动条可以看到员工的其他属性。员工信息界面如图 10-2 所示。

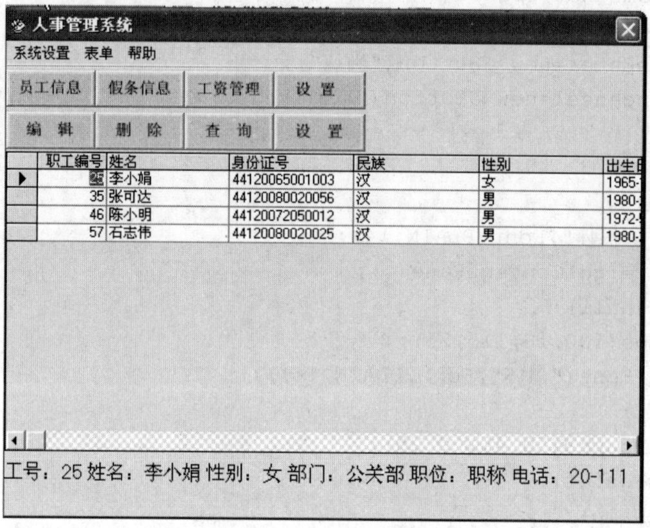

图 10-2　员工信息界面

单击“编辑”按钮，会出现员工编辑信息对话框，可以添加新员工信息，也可以删除和修改员工信息。

添加、删除用户类的代码如下：

```
package classsource;
import java.awt.event.*;
import java.awt.*;
import javax.swing.*;
import java.sql.*;
public class AddDeleteUser extends javax.swing.JInternalFrame {
    private JButton butACancel,butDCancel,butDelete,butOk;
    private JComboBox cbUserName;
    private JLabel jLabel1,jLabel2,jLabel3,jLabel4,jLabel5;
    private JPasswordField pas1,pas2,pas3;
    private JTextField txtname;
    public AddDeleteUser( ) {
        initComponents( );
        this.setVisible(true);
        this.setClosable(true);
        this.setSize(270,352);
}
    private void initComponents( ) {
        jLabel1 = new JLabel( );
```

```
jLabel2 = new JLabel( );
jLabel3 = new JLabel( );
txtname = new JTextField( );
pas1 = new JPasswordField( );
pas2 = new JPasswordField( );
butOk = new JButton( );
butACancel = new JButton( );
jLabel4 = new JLabel( );
cbUserName = new JComboBox( );
jLabel5 = new JLabel( );
pas3 = new JPasswordField( );
butDelete = new JButton( );
butDCancel = new JButton( );
getContentPane( ).setLayout(null);
jLabel1.setText("新用户名:");
getContentPane( ).add(jLabel1);
jLabel1.setBounds(40, 40, 80, 30);
jLabel2.setText("输入密码:");
getContentPane( ).add(jLabel2);
jLabel2.setBounds(40, 70, 80, 28);
jLabel3.setText("确认密码:");
getContentPane( ).add(jLabel3);
jLabel3.setBounds(40, 100, 70, 28);
getContentPane( ).add(txtname);
txtname.setBounds(110, 40, 140, 34);
getContentPane( ).add(pas1);
pas1.setBounds(110, 70, 140, 34);
getContentPane( ).add(pas2);
pas2.setBounds(110, 100, 140, 34);
butOk.setText("添加");
getContentPane( ).add(butOk);
butOk.setBounds(90, 140, 80, 37);
butACancel.setText("清空");
getContentPane( ).add(butACancel);
butACancel.setBounds(170, 140, 80, 37);
jLabel4.setText("已有用户名:");
getContentPane( ).add(jLabel4);
jLabel4.setBounds(40, 190, 90, 28);
getContentPane( ).add(cbUserName);
cbUserName.setBounds(110, 190, 140, 34);
jLabel5.setText("密码:");
getContentPane( ).add(jLabel5);
jLabel5.setBounds( 40, 220, 70, 28);
getContentPane( ).add(pas3);
pas3.setBounds(110, 226, 140,34);
butDelete.setText("删除");
getContentPane( ).add(butDelete);
```

```
butDelete.setBounds(89, 270, 80, 37);
butDCancel.setText("清空");
getContentPane( ).add(butDCancel);
butDCancel.setBounds(170, 270, 80, 37);
```

10.2.3　假条信息界面

单击“假条信息”按钮进入假条信息条界面，如图 10-3 所示，通过此界面可以对假条进行修改、添加、删除操作。

图 10-3　假条信息界面

10.2.4　工资信息界面

工资信息界面如图 10-4 所示。

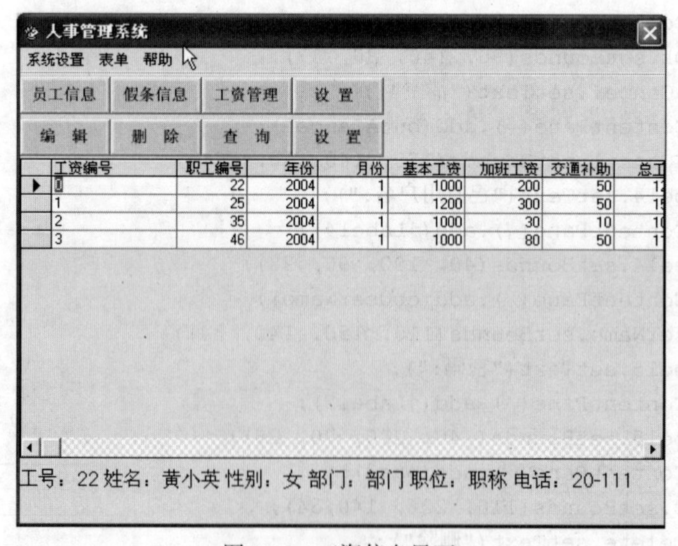

图 10-4　工资信息界面

用户登录后可以对工资信息进行查询，主要代码如下：

```
package classsource;
import java.awt.*;
import java.awt.event.*;
import java.util.*;
import javax.swing.*;
import javax.swing.table.*;
import java.sql.*;
public class SIQ extends JInternalFrame{
    JLabel lbl4=new JLabel("工资信息查询");
    JLabel lbl5=new JLabel("工资编号: ");
    JLabel lbl6=new JLabel("职工姓名: ");
    JTextField stxtid=new JTextField(10);
    JTextField stxtname=new JTextField(10);
    JButton btn1=new JButton("查询");
    JTable table;
DefaultTableModel dtm;
String columns[] = {"工资编号","职工编号","年份","月份","基本工资","加班工资","交
                    通补助","总工资"};
public SIQ( ){
    setTitle("工资信息查询");
    dtm = new DefaultTableModel( );
    table = new JTable(dtm);
    table.setPreferredScrollableViewportSize(new Dimension(410, 90));
    JScrollPane sl = new JScrollPane(table);
    dtm.setColumnCount(7);
    dtm.setColumnIdentifiers(columns);
    getContentPane( ).setLayout(null);
    lbl4.setBounds(210,20,310,40);
    lbl4.setFont(new Font("黑体",Font.BOLD,26);
    getContentPane( ).add(lbl4);
    Font f=new Font("黑体",Font.PLAIN,14);
    lbl5.setBounds(20,70,90,35);
    lbl5.setFont(f);
    getContentPane( ).add(lbl5);
    stxtid.setBounds(90,70,90,33);
    stxtid.setFont(f);
    getContentPane( ).add(stxtid);
    lbl6.setBounds(20,100,90,35);
    lbl6.setFont(f);
    getContentPane( ).add(lbl6);
    stxtname.setBounds(90,100,90,33);
    stxtname.setFont(f);
    getContentPane( ).add(stxtname);
    btn1.setBounds(100,140,70,35);
    btn1.setFont(f);
    getContentPane( ).add(btn1);
```

10.2.5　用户权限登录

该系统除拥有一般用户所拥有的基本功能外，还有设置用户权限的功能，单击“设置”按钮后，弹出用户权限设置对话框，如图 10-5 所示。

单击“添加”按钮后，会出现添加用户权限的对话框，如图 10-6 所示。

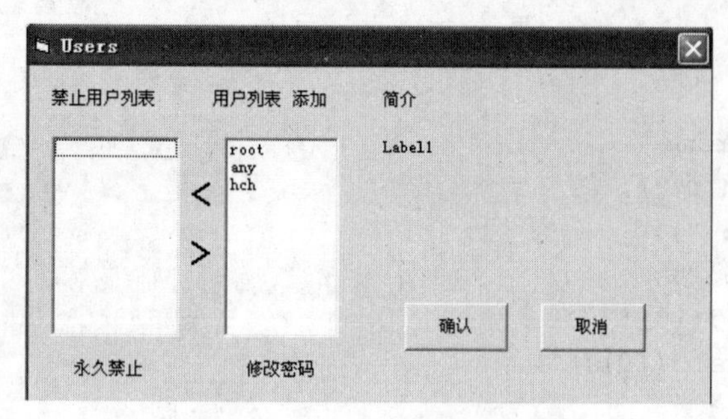

图 10-5　用户权限设置对话框

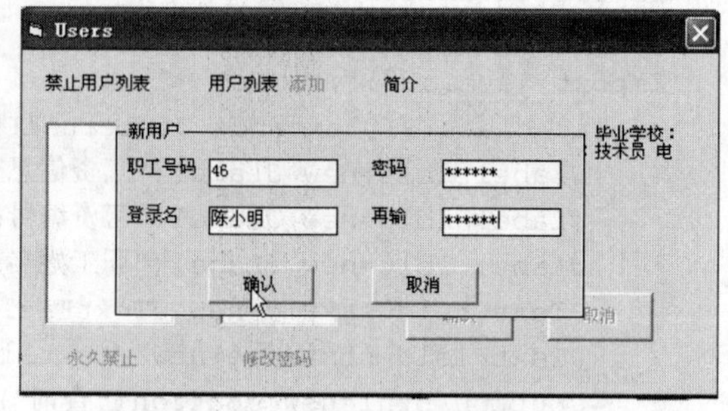

图 10-6　添加用户权限对话框

增加一般用户权限后，该用户就会出现在用户列表中，如果想要修改该用户的密码，可以通过单击“修改密码”按钮来修改密码，单击“修改密码”按钮后，会出现修改密码对话框，如图 10-7 所示。

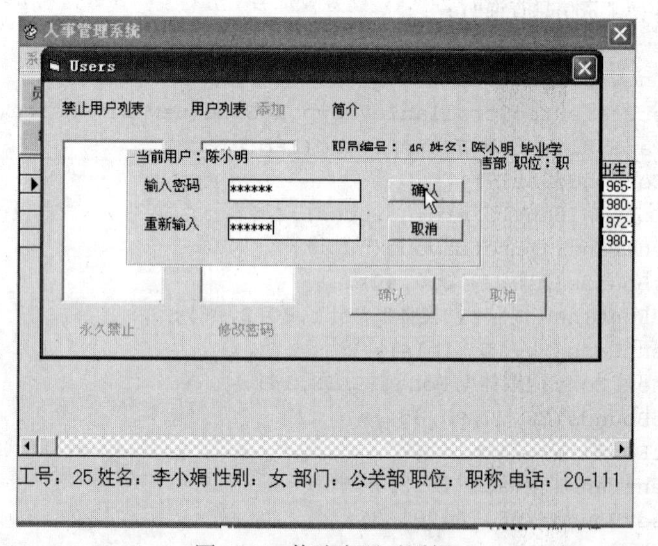

图 10-7　修改密码对话框

修改登录密码的主要代码如下：

```
package classsource;
import java.awt.*;
import java.awt.event.*;
import javax.swing.*;
import java.sql.*;
public class AmendPassword extends JInternalFrame
{
  JLabel lbel=new JLabel("修改密码");
```

```
  JPanel p=new JPanel( );
  public AmendPassword( )
  {
    setTitle("修改密码");
    p.add(lbe1);
    AmendPanel panel=new AmendPanel( );
    Container contentPane=getContentPane( );
    contentPane.add(p,"North");
    contentPane.add(panel,"Center");
    setBounds(110, 110, 290, 270);
    this.setClosable(true);
    setVisible(true);
  }
}
class AmendPanel extends JPanel
{
  JButton b1,b2;
  JLabel lbe2,lbe3,lbe4,lbe5;
  JPasswordField pas1,pas2,pas3;
  JComboBox tf;
  public AmendPanel( )
  {
          lbe2=new JLabel("用户名:");
          lbe3=new JLabel("输入旧密码:");
          lbe4=new JLabel("输入新密码:");
          lbe5=new JLabel("确定新密码:");
          tf=new JComboBox( );
          pas1=new JPasswordField( );
          pas2=new JPasswordField( );
          pas3=new JPasswordField( );
          b1=new JButton("确认");
          b2=new JButton("取消");
          add(lbe2);
          lbe2.setBounds(26,20,100,35);
          this.add(tf);
          tf.setBounds(110,20,130,35);
          add(lbe3);
          lbe3.setBounds(26,55,100,35);
          add(pas1);
          pas1.setBounds(110,55,130,35);
          add(lbe4);
          lbe4.setBounds(26,90,90,35);
          add(pas2);
          pas2.setBounds(110,90,130,35);
          add(lbe5);
          lbe5.setBounds(26,125,90,35);
          add(pas3);
```

```
pas3.setBounds(110,125,130,35);
add(b1);
b1.setBounds(110,170,70,40);
add(b2);
b2.setBounds(170,170,70,40);
setLayout(null);
```

添加用户权限并修改密码后就可以使用该用户名和密码登录系统，如图 10-8 所示。同样，用户的登录权限也是可以被屏蔽的，如图 10-9 所示。

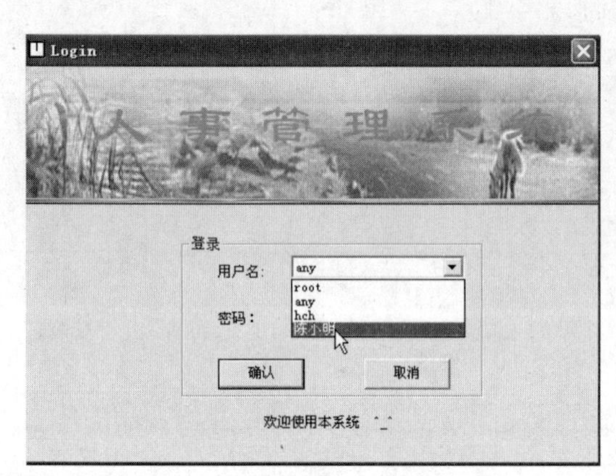

图 10-8　添加用户后的登录界面

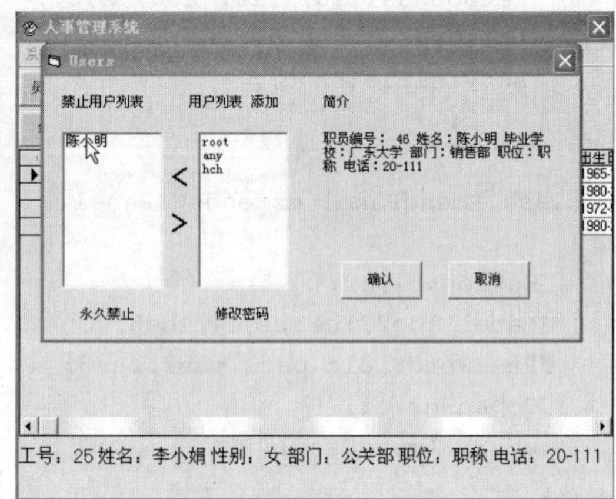

图 10-9　屏蔽用户登录权限界面

将用户移到禁止用户列表中后，该用户就会被屏蔽，此时单击“确认”按钮后，登录界面就不会再出现该用户，如图 10-10 所示。

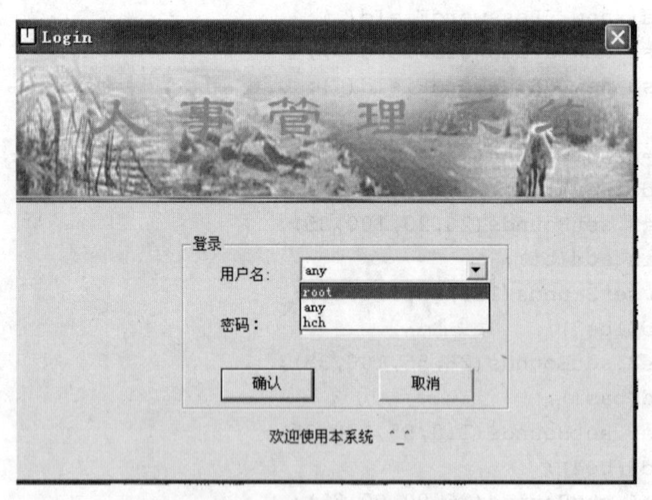

图 10-10　屏蔽用户后的登录界面

第11章　测　　试

系统实现完成后，形成了计算机软件。但软件是否能按预期的功能需求完成解决现实问题的任务？这还需要测试阶段的任务完成。测试是用一些技术和方法来判断计算机软件语言有没有解决问题，本章介绍面向对象的测试相关步骤。

	如何选择测试工具？

本章知识要点

（1）测试的重要性。

（2）面向对象测试的内容。

兴趣实践

三明治式的测试方法是什么？

探索思考

测试和质量保证的区别是什么？

预习准备

复习传统软件工程方法的测试知识。

11.1　测试流

用户使用低质量的软件，在运行过程中会产生各种各样的问题，可能带来不同程度的后果，轻者影响系统正常工作，重者造成事故，损失生命财产。软件测试是保证软件质量的最重要的手段。什么是软件测试？IEEE 将其定义为：使用人工或自动手段来运行或测定某个系统的过程，其目的在于检验它是否满足规定的需求或是弄清预期结果与实际结果之间的差别。

现代的软件开发过程将整个软件开发过程明确划分为几个阶段，将复杂问题具体按阶段加以解决。这样，在软件的整个开发过程中，可以对每一阶段提出若干明确的监控点，作为各阶段目标实现的检验标准，从而提高开发过程的可见度和保证开发过程的正确性。经验证明，软件的质量不仅仅体现在程序的正确性上，它和编码以前所作的需求分析、软件设计密切相关。软件使用中出现的错误不一定是编程人员在编码阶段引入的，很可能在程序设计，甚至需求分析时就埋下了祸因。这时，对错误的纠正可能会诱发更多错误，而必须追溯到软件开发的最初阶段，这无疑增加了软件的开发费用。因此，为了保证软件的质量，应该着眼于整个软件生存期，特别是着眼于编码以前的各开发阶段的工作。这样，软件测试的概念和实施范围必须扩充，应该包括整个开发各阶段的复查、评估和检测。由此，广义的软件测试实际上是由评审验证、测试组成的。

在整个软件生存期，验证、测试分别有其侧重的阶段。确认验证体现在计划阶段、需求分析阶段、设计阶段；测试主要体现在编码阶段和测试阶段，如图 11-1 所示。实际上，验证、测试是相辅相成的。验证会产生测试的标准，而测试通常又会帮助完成一些系统的确认和验证，特别是系统测试阶段。

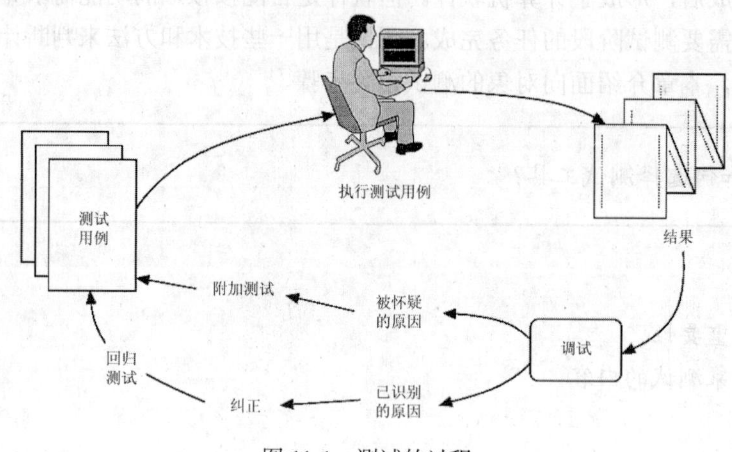

图 11-1 测试的过程

面向对象技术是一种全新的软件开发技术，正逐渐代替被广泛使用的面向过程开发方法，被看成解决软件危机的新兴技术。面向对象技术产生更好的系统结构、更规范的编程风格，极大地优化了数据使用的安全性，提高了程序代码的重用，一些人就此认为面向对象技术开发出的程序无须进行测试。应该看到，尽管面向对象技术的基本思想保证了软件应该有更高的质量，但实际情况并非如此，因为无论采用什么样的编程技术，编程人员的错误都是不可避免的，而且由于面向对象技术开发的软件代码重用率高，更需要严格测试，避免错误繁衍。因此，软件测试并没有因面向对象编程的兴起而丧失它的重要性。

从 1982 年在美国北卡罗来纳大学召开首次软件测试的正式技术会议至今，软件测试理论迅速发展，并相应出现了各种软件测试方法，使软件测试技术得到了极大的提高。然而，一度实践证明行之有效的软件测试对面向对象技术开发的软件多少显得有些力不从心。尤其是面向对象技术所独有的多态、继承、封装等新特点，产生了传统语言设计所不存在的错误可能性。例如，在传统的面向过程程序中，对于函数，只需要考虑一个函数的行为特点，而在面向对象程序中，不得不同时考虑基类函数的行为和继承类函数的行为。

面向对象程序的结构不再是传统的功能模块结构，作为一个整体，原有集成测试所要求的逐步将开发的模块搭建在一起进行测试的方法已成为不可能。而且，面向对象软件抛弃了传统的开发模式，对每个开发阶段都有不同以往的要求和结果，已经不可能用功能细化的观点来检测面向对象分析和设计的结果。因此，传统的测试模型对面向对象软件已经不再适用。针对面向对象软件的开发特点，应该有一种新的测试模型。

11.2 面向对象测试模型

面向对象开发模型突破了传统的瀑布模型，将开发分为面向对象分析（OOA）、面向对象设计（OOD）和面向对象编程（OOP）三个阶段。分析阶段产生整个问题空间的抽象描述，在此基础上，进一步归纳出适用于面向对象编程语言的类和类结构，最后形成代码。由于面向对象的特点，采用这种开发模型能有效地将分析设计的文本或图表代码化，不断适应用户需求的变动。针对这种开发模型，结合传统的测试步骤的划分，整个软件开发过程中应不断测试，使开发阶段的验证完成后的单元测试、集成测试、系统测试成为一个整体。

OOP测试主要针对编程风格和程序代码实现进行测试，其主要测试内容在面向对象单元测试和面向对象集成测试中体现。面向对象单元测试是对程序内部具体单一的功能模块的测试，如果程序是用C++语言实现的，则主要就是对类成员函数的测试。面向对象单元测试是进行面向对象集成测试的基础。面向对象集成测试主要对系统内部的相互服务进行测试，如成员函数间的相互作用、类间的消息传递等。面向对象集成测试不但要基于面向对象单元测试，更要参见OOD结果。面向对象系统测试是基于面向对象集成测试的最后阶段的测试，主要以用户需求为测试标准，需要借鉴OOA结果。

典型的面向对象程序具有继承、封装和多态的新特性，这使得传统的测试策略必须有所改变。封装是对数据的隐藏，外界只能通过被提供的操作来访问或修改数据，这样降低了数据被任意修改和读写的可能性，减少了传统程序中对数据非法操作的测试。继承是面向对象程序的重要特点，继承使得代码的重用率提高，同时使错误传播的概率提高。继承使得传统测试遇到了这样一个难题：对继承的代码究竟应该怎样测试？多态使得面向对象程序对外呈现出强大的处理能力，但同时使得程序内“同一”函数的行为复杂化，测试时不得不考虑不同类型具体执行的代码和产生的行为。

1. 面向对象的单元测试

传统的单元测试针对程序的函数、过程或完成某一定功能的程序块。沿用单元测试的概念，实际测试类成员函数。一些传统的测试方法在面向对象的单元测试中都可以使用，如等价类划分法、因果图法、边值分析法、逻辑覆盖法、路径分析法等。单元测试一般建议由程序员完成。

用于单元级测试的测试分析（提出相应的测试要求）和测试用例（选择适当的输入，达到测试要求），规模和难度等均远小于后面将介绍的对整个系统的测试分析和测试用例，而且强调对语句应该有100%的执行代码覆盖率。在设计测试用例选择输入数据时，可以基于以下两个假设。

（1）如果函数（程序）对某一类输入中的一个数据正确执行，则对同类中的其他输入也能正确执行。该假设的思想来自等价类划分。

（2）如果函数（程序）对某一复杂度的输入正确执行，则对更高复杂度的输入也能正确执行。

在面向对象程序中，类成员函数通常都很小，功能单一，函数间调用频繁，容易出现一些不易发现的错误。

因此，在作测试分析和设计测试用例时，应该注意面向对象程序的特点，仔细进行测试分析和设计测试用例。

面向对象程序是把功能的实现分布在类中，能正确实现功能的类，通过消息传递来协同实现设计要求的功能。正是这种面向对象程序风格，将出现的错误能精确地确定在某一具体的类中。因此，在面向对象编程阶段，忽略类功能实现的细则，将测试的目光集中在类功能的实现和相应的面向对象程序风格，主要体现在两方面（假设编程使用 C++语言）：数据成员是否满足数据封装的要求；类是否实现了要求的功能。

（1）数据成员是否满足数据封装的要求。

数据封装是数据和数据有关的操作的集合。检查数据成员是否满足数据封装的要求，基本原则是数据成员是否被外界（数据成员所属的类或子类以外的调用）直接调用。更直观地说，当改变数据成员的结构时，是否影响了类的对外接口，是否会导致相应外界必须改动。

（2）类是否实现了要求的功能。

类所实现的功能都是通过类的成员函数执行的。在测试类的功能实现时，应该首先保证类成员函数的正确性。单独地看待类的成员函数，与面向过程程序中的函数或过程没有本质的区别，几乎所有传统的单元测试中所使用的方法都可在面向对象的单元测试中使用。类函数成员的正确行为只是类能够实现要求的功能的基础，类成员函数间的作用和类之间的服务调用是单元测试无法确定的。因此，需要进行面向对象的集成测试。需要着重声明，测试类的功能不能仅满足于代码能无错运行或被测试类能提供的功能无错，应该以 OOD 结果为依据，检测类提供的功能是否满足设计要求，是否有缺陷。必要时（如通过 OOD 检查仍不清楚明确的地方）还应该参照 OOA 的结果，以之为最终标准。

面向对象编程的特性使得对成员函数的测试，不完全等同于传统的函数或过程测试。尤其是继承特性和多态特性，使子类继承或重载的父类成员函数出现了传统测试中未遇见的问题，有两方面的考虑：

（1）继承的成员函数是否都不需要测试。

对父类中已经测试过的成员函数，两种情况需要在子类中重新测试：①继承的成员函数在子类中作了改动；②成员函数调用了改动过的成员函数的部分。

（2）对父类的测试是否能照搬到子类。

2. 面向对象的集成测试

传统的集成测试是自下向上通过集成完成的功能模块进行测试的，一般可以在部分程序编译完成的情况下进行。而对于面向对象程序，相互调用的功能散布在程序的不同类中，类通过消息相互作用申请和提供服务。类的行为与它的状态密切相关，状态不仅仅体现在类数据成员的值，也许还包括其他类中的状态信息。由此可见，类相互依赖极其紧密，根本无法在编译不完全的程序上对类进行测试。所以，面向对象的集成测试通常需要在整个程序编译完成后进行。此外，面向对象程序具有动态特性，程序的控制流往往无法确定，因此只能对整个编译后的程序作基于黑盒子的集成测试。

面向对象的集成测试能够检测出相对独立的单元测试，无法检测出的那些类相互作用时才产生的错误。基于单元测试对成员函数行为正确性的保证，集成测试只关注于系统的结构和内部的相互作用。面向对象的集成测试可以分成两步进行：先进行静态测试，再进行动态测试。

静态测试主要针对程序的结构进行，检测程序结构是否符合设计要求。现在流行的一些测试软件都能提供一种称为可逆性工程的功能，即通过原程序得到类关系图和函数功能调用关系图，将可逆性工程得到的结果与 OOD 的结果相比较，检测程序结构和实现上是否有缺陷。换句话说，通过这种方法检测 OOP 是否达到了设计要求。

动态测试设计测试用例时，通常需要几类关系图为参考，确定不需要被重复测试的部分，从而优化测试用例，减少测试工作量，使得进行的测试能够达到一定覆盖标准。测试所要达到的覆盖标准可以是：达到类所有的服务要求或服务提供的一定覆盖率；依据类间传递的消息，达到对所有执行线程的一定覆盖率；达到类的所有状态的一定覆盖率等。同时可以考虑使用现有的一些测试工具来得到程序代码执行的覆盖率。

具体设计测试用例时，可参考下列步骤。

（1）选定检测的类，参考 OOD 分析结果，仔细分析出类的状态和相应的行为、类或成员函数间传递的消息、输入/输出的界定等。

（2）确定覆盖标准。

（3）利用类图确定待测类的所有关联。

（4）根据程序中类的对象构造测试用例，确认使用什么输入激发类的状态、使用类的服务和期望产生什么行为等。

值得注意的是，设计测试用例时，不但要设计确认类功能满足的输入，还应该有意识地设计一些被禁止的例子，确认类是否有不合法的行为产生，如发送与类状态不相适应的消息，要求不相适应的服务等。根据具体情况，动态的集成测试有时也可以通过系统测试完成。

Alpha 测试由用户在开发者的场所进行，并且在开发者对用户的“指导”下进行测试。开发者负责记录错误和使用中遇到的问题。总之，Alpha 测试是在受控的环境中进行的。

3. 面向对象的系统测试（OO system test）

通过单元测试和集成测试，仅能保证软件开发的功能得以实现，但不能确认在实际运行时，它是否满足用户的需要，是否存在大量实际使用条件下会被诱发产生错误的隐患。为此，对完成开发的软件必须经过规范的系统测试。换个角度来讲，开发完成的软件仅仅是实际投入使用系统的一个组成部分，需要测试它与系统其他部分配套运行的表现，以保证在系统各部分协调工作的环境下也能正常工作。系统测试基于用例测试见图 11-2。

系统测试应该尽量搭建与用户实际使用环境相同的测试平台，应该保证被测系统的完整性，对临时没有的系统设备部件也应有相应的模拟手段。系统测试时，应该参考 OOA 结果，对应描述的对象、属性和各种服务，检测软件是否能够完全再现问题空间。系统测试不仅是检测软件的整体行为表现，从另一个侧面看，也是对软件开发设计的再确认。系统测试需要对被测的软件结合需求分析作仔细的测试分析，建立测试用例。

具体测试内容如下。

（1）功能测试：测试是否满足开发要求，是否能够提供设计所描述的功能，是否用户的需求都得到了满足。功能测试是系统测试最常用和必须进行的测试，通常还会以正式的软件需求规格说明书为测试标准。

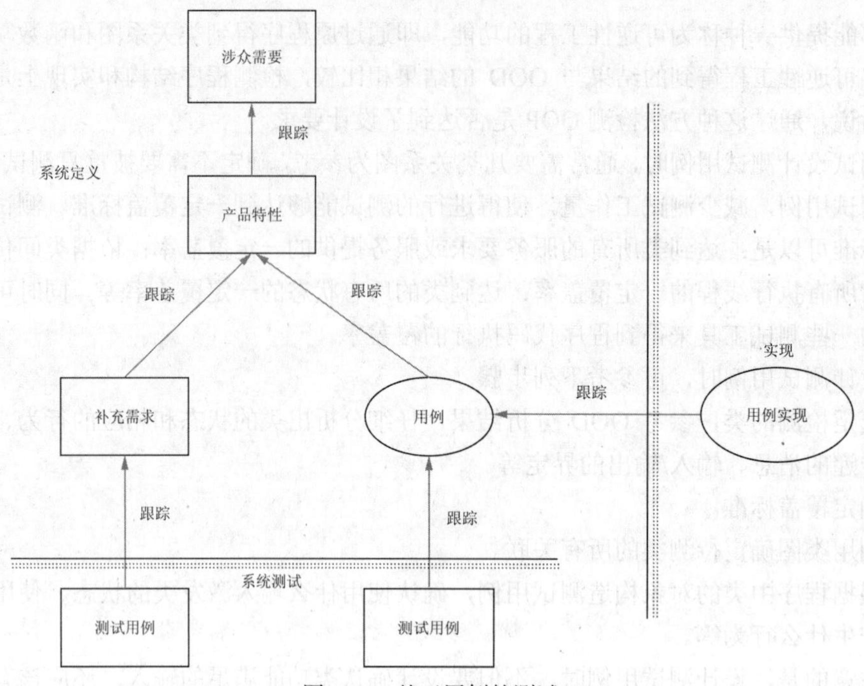

图 11-2 基于用例的测试

（2）强度测试：测试系统的能力最高实际限度，即软件在一些超负荷的情况下的功能实现情况。例如，要求软件某一行为的大量重复、输入大量的数据或大数值数据、对数据库大量复杂的查询等。

（3）性能测试：测试软件的运行性能。这种测试常常与强度测试结合进行，需要事先对被测软件提出性能指标，如传输连接的最长时限、传输的错误率、计算的精度、记录的精度、响应的时限和恢复时限等。

（4）安全测试：验证安装在系统内的保护机构是否确实能够对系统进行保护。安全测试时需要设计一些测试用例试图突破系统的安全保密措施，检验系统是否有安全保密的漏洞。

（5）恢复测试：采用人工干扰使软件出错，中断使用，检测系统的恢复能力，特别是通信系统。恢复测试时，应该参考性能测试的相关测试指标。

（6）可用性测试：测试用户是否满意使用。具体体现为操作是否方便、用户界面是否友好等。

（7）安装/卸载测试等。

Beta 测试由软件的最终用户在一个或多个客户场所进行。与 Alpha 测试不同，开发者通常不在 Beta 测试的现场，因此，Beta 测试是软件在开发者不能控制的环境中的“真实”应用。

11.3 测试人事管理系统案例

对系统的测试通常分为单元测试、集成测试、系统测试和接受测试几个不同级别。单元测试是对几个类或一组类的测试，通常由程序员执行。集成测试集成组件和类，确认它们之间是否恰当地协作。系统测试把系统当作一个黑箱，验证系统是否具有用户所要求的所有功能。接受测试由客户完成，与系统测试类似，验证系统是否满足所有的需求。不同的测试小组使用不同的UML图作为工作的基础，单元测试使用类图和类的规格说明。集成测试典型地使用组件图和协作图等，而系统测试实现用例图来确认系统的行为是否符合这些图中的定义。

部分高校人事管理测试步骤如下。

1）模块测试

根据模块的用例图测试模块的功能，根据顺序图、活动图等测试模块的工作过程和容错能力。

2）界面测试

（1）测试内容：用户界面的视觉效果和易用性；控件状态、位置及内容确认；光标移动顺序。

（2）确认方法：屏幕复制、目测，如图11-3所示。

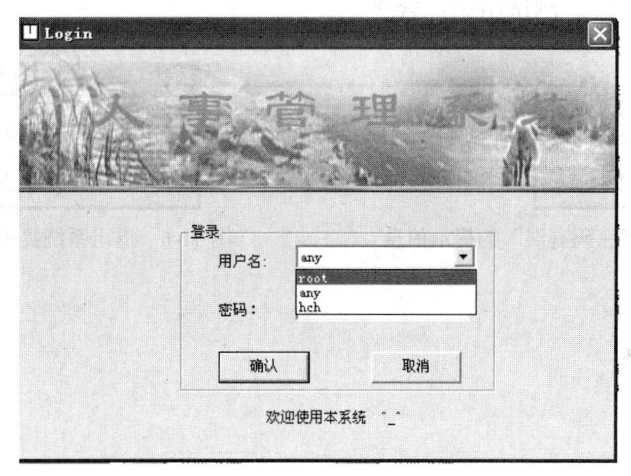

图11-3　系统登录界面

（3）测试结论：合格。

3）功能测试

功能测试的目的是测试用户登录窗体是否实现了要求的功能，同时测试用户登录模块的容错能力。

（1）准备的测试用例如表11-1所示。

表11-1　用户登录窗体的测试用例

序号	测试数据		预期结果
	用户名	密码	
1	admin	admin	显示“登录成功”的提示信息
2	adminX	（不限）	显示“用户名或者密码有误”的提示信息
3	admin	123	显示“用户名或者密码有误”的提示信息

（2）测试输入正确的用户名和密码时，单击“确定”按钮的动作。在如图 11-3 所示的界面中，分别输入用户名 admin、密码 admin，然后单击“确定”按钮，出现如图 11-4 所示提示信息，提示窗口中输入了正确的用户名和密码，此时，单击“确定”按钮时会出现如图 11-5 所示的提示信息。测试结论：合格。

图 11-4　登录成功的提示信息

（3）测试“用户名”有误时，单击“确定”按钮的动作。在“用户名”文本框中输入 adminX 时，从表 11-1 可以看出，目前“用户信息”数据表中不存在 adminX 的用户名，也就是所输入的用户名有误，此时，单击“确定”按钮时会出现如图 11-5 所示的提示信息。测试结论：合格。

（4）测试“密码”输入错误时，单击“确定”按钮的动作。在“用户名”文本框中输入正确的用户名 admin，在“密码”文本框中输入错误的密码 123，然后单击“确定”按钮出现如图 11-5 所示的提示信息。测试结论：合格。

（5）测试“取消”按钮的有效性。在用户登录界面中单击“取消”按钮，出现如图 11-6 所示的退出系统提示信息。测试结论：合格。

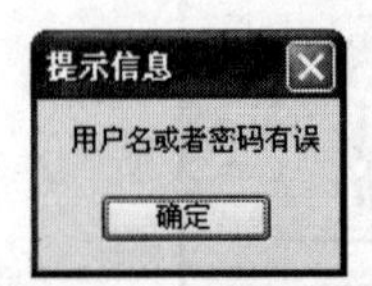

图 11-5　“用户名或者密码有误”的提示信息

图 11-6　退出系统提示信息

第三部分

高级课题

第 12 章　UML 的形式化*

软件系统的建模语言可分为三类，UML 是半形式化的语言，但复杂的、大型的软件系统还需要更精确的语言描述软件需求。本章主要讲述形式化语言的产生及应用，并比较说明形式化方法的优点，最后通过复杂的生命系统案例给出 UML 与形式化方法结合的表示方法。

形式化方法的数学基础有哪几种？如何选择易学易用的形式化方法？

本章知识要点

（1）形式化方法产生的原因。

（2）形式化方法的模型。

兴趣实践

电梯控制程序需要形式化方法设计吗？

探索思考

为什么 IEEE 标准课程体系中设置了形式化方法课程？

预习准备

复习面向对象程序语言的类的特性，考虑与形式化方法中类的区别。

12.1　形式化方法介绍

传统的需求建模方法主要有两个重大缺陷：①非形式化的需求描述常常导致需求的歧义性和不一致性，因而难以确认和验证；②易变性，用户需求的频繁变动是一个极为普遍的问题，然而在实际系统中即使是部分变动，也往往会影响到需求分析的全局。

非形式化方法、半形式化方法和形式化方法具体介绍如下。

1. 非形式化方法

基于自然语言的思考、设计和描述语义含糊，可能存在歧义性，依赖于参与者的经验和理解。无法进行严格检查，只能通过人的交流活动进行分析。自然语言的非形式化需求的最大缺点是歧义性和模糊性。这很容易导致系统开发者和用户对需求有不同的理解，最后造成用户不满意所开发的系统，导致系统开发失败。

一个团队多年使用自己开发的建模技术而且成员之间相互理解彼此的意思，为什么还会出现问题？如果必须向团队以外的相关人员展示自己的设计，就无能为力了。如果使用标准的表示法，也意味着可以在每次换工作时不必重新学习建模技术。

2. 半形式化方法

半形式化方法有较清晰的定义形式和部分语义定义。UML 是半形式化的建模语言，其模型的语法是通过元模型以 UML 类图的方式定义的，静态语义采用对象约束语言（object constraint language，OCL）进行描述，模型的动态语义则是直接由自然语言来表达的。采用这种方法描述的语义存在许多不足：表达不严格、不精确，对模型难以进行一致性检查和正确性分析，不利于系统的求精和验证等。

3. 形式化方法

形式化方法基于严格定义的数学概念和语言，语义清晰，无歧义。可以用自动化或半自动化的工具进行检查和分析。

形式化的需求具有无歧义、精确性等优点，形式化需求还有助于需求确认和验证。形式化方法是全面系统地使用基于数学的语言、技术和工具精确地说明、开发和验证软件系统，使用形式化方法描述的规约具有规范性和无二义性。而且形式化语言是一种机器可处理的描述语言，可以保证软件复用自动化成为可能。

	什么是形式化的数学基础？有哪些数学方法可用在形式化方法中？

B 方法是一种较新的形式化方法，覆盖了从规范说明到编码的所有过程，它建立在 Zermelo-Frankel 的集合理论的基础上。B 方法包含一种结构化的机制，这种开发方法建立在数学理论基础上，包括了广义代换、精化、软件的层次体系结构理论，加上商业和免费工具的大力支持，目前在欧美已经得到广泛应用。

因此，对于复杂的、大型的软件系统，可以把复用复杂网络获取的需求获取得到的特性，结合形式化 B 方法表示出来，这样对于传统的软件需求工程中的需求获取有很大帮助，实现了需求形式化表示，提高了整个软件的可靠性。

12.2　UML 与形式化方法的结合

许多学者在 UML 的形式化方面做了大量的工作，从形式化技巧的角度来看，这些方法大致可以归纳为两方面：一方面是直接对 UML 模型进行形式化的语义定义；另一方面是结合 UML 和形式化方法的优点，将 UML 模型按照一定的规则转换为现有的形式化规范。

12.2.1　直接对 UML 模型进行形式化语义定义

鉴于 UML 缺乏精确的形式化的语义，目前许多组织与个人正在从事形式化语义的研究工作。对 UML 形式化语义的研究主要有以下意义。

（1）清晰的解释。如果某一个 UML 组件在某一点上的意思存在混淆，形式化语义就可以作为参考来验证它的解释。

（2）严格的分析与设计。如果与模型有关的概念用形式化描述技术表达，那么将使得对图形执行严格的语义分析成为可能，从而可以对系统进行严格的评估和系统的实施。

（3）等价性与一致性。它将为 UML 与其他技术和符号的对比提供一个不具有二义性的基础，并且保证了 UML 内不同模型元素之间的一致性。

这类方法使用具有严格形式化语义定义的 UML 进行建模，应用起来并没有克服半形式化方法所固有的缺点。因此，可采用将 UML 与形式化方法相结合的方法对 UML 进行形式化。

12.2.2 UML 到形式化方法的转换

结合 UML 和形式化方法的优点，将非形式化的 UML 图形转换为具有精确语义定义的形式化规范是对 UML 形式化的第二类方法。

在统一、实用并且严格的软件开发过程中，将 UML 和 B 结合使用就是把 UML 翻译成 B 形式规格说明的一种方法。通过与 UML 相对应的 B 形式化规格说明来形式化地分析其规格说明，因为支持 B 的工具（如 AtelierB、ProB）的出现，这一点就显得很有意义。

UML 转化成 B 规格说明具有如下优点。

（1）原版的 B 规格说明更适合专业 B 形式化方法人员来阅读。

（2）B 规格说明可以用数学的方法来推理和论证。

（3）采用 B-toolkit、AtelierB、ProB 等工具很容易进行类型分析、证明。

12.3 形式化方法

12.3.1 形式化方法介绍

1. 形式化方法的发展

形式化方法的研究始于 20 世纪 60 年代后期，针对当时所谓的软件危机，人们提出种种解决方法，归纳起来有两类：一是采用工程方法来组织、管理软件的开发过程；二是深入探讨程序和程序开发过程的规律，建立严密的理论，以其来指导软件开发实践。前者导致软件工程的出现和发展，后者则推动了形式化方法的深入研究。经过多年的研究和应用，如今人们在形式化方法这一领域取得了大量重要的成果，从早期最简单的形式化方法——一阶谓词演算方法到现在的应用于不同领域、不同阶段的基于逻辑、状态机、网络、进程代数、代数等众多形式化方法。形式化方法的发展趋势逐渐融入软件开发过程的各个阶段，从需求分析、功能描述（规约）、（体系结构/算法）设计、编程、测试直至维护。

2. 形式化方法的定义

形式化方法的本质是基于数学的方法来描述目标软件系统属性的一种技术。不同的形式化方法的数学基础是不同的，有的以集合论和一阶谓词演算为基础（如 Z 和 VDM），有的以时态逻辑为基础。形式化方法需要形式化规约说明语言的支持。

形式化方法可以分为形式规范方法和形式验证方法两大类，图 12-1 是使用形式化方法规范和验证计算机系统的示意图。形式规范方法包括各种基于数学的表示法、规范语言以及对应的工具。形式验证方法包括各种模型检查器、定理证明器以及证明和验证的方法等。

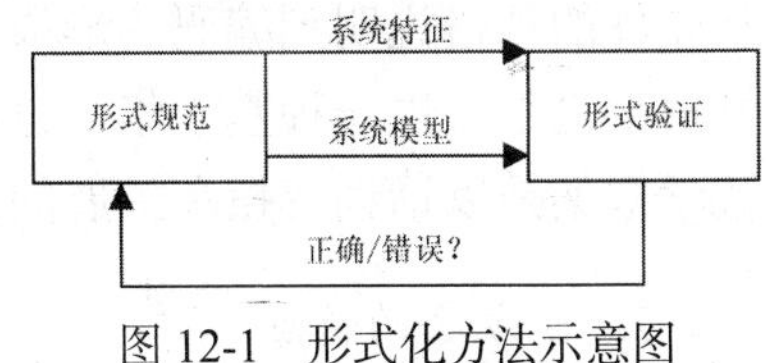

图 12-1　形式化方法示意图

形式化方法的优越之处在于它具有严格的数学基础与描述性，在软件开发的过程中使用形式化方法进行形式化分析和验证是构造可靠安全软件的一个重要途径。

3. *形式化方法的分类*

根据数学表达能力，形式化方法可以分为五类。

（1）基于模型的方法：通过明确定义状态和操作来建立一个系统模型（使系统从一个状态转换到另一个状态）。用这种方法虽可以表示非功能性需求（如时间需求），但不能很好地表示并发性，如 Z 语言、VDM、B 方法等。

（2）基于逻辑的方法：用逻辑描述系统预期的性能，包括底层规约、时序和可能性行为。采用与所选逻辑相关的公理系统证明系统具有预期的性能。用具体的编程构造扩充逻辑从而得到一种广谱形式化方法，通过保持正确性的细化步骤集来开发系统，如 ITL（区间时序逻辑）、区段演算（DC）、Hoare 逻辑、WP 演算、模态逻辑、时序逻辑、TAM（时序代理模型）、RTTL（实时时序逻辑）等。

（3）代数方法：通过将未定义状态下不同的操作行为相联系，给出操作的显式定义。与基于模型的方法相同的是，没有给出并发的显式表示，如 OBJ、Larch 族代数规约语言等。

（4）过程代数方法：通过限制所有容许的可观察的过程间通信来表示系统行为。此方法允许并发过程的显式表示，如通信顺序过程（CSP）、通信系统演算（CCS）、通信过程代数（ACP）、时序排序规约语言（LOTOS）、计时 CSP（TCSP）、通信系统计时可能性演算（TPCCS）等。

（5）基于网络的方法：由于图形化表示法易于理解，而且非专业人员能够使用，因此是一种通用的系统确定表示法。该方法采用具有形式语义的图形语言，为系统开发和再工程带来特殊的好处，如 Petri 图、计时 Petri 图、状态图等。

12.3.2　B 方法

1. *B 方法简介*

B 方法属于基于模型的规格说明符号语言的范畴，是一种基于对象的形式化语言。最早是由法国人 Abrail 于 20 世纪 80 年代前期开始研究的，目的是为实际软件开发过程提供一个坚实的数学基础。在 B 方法思想的形成过程中，Horare 和 Dijkstra 的关于程序作为一个数学对象、前——后置谓词、不确定性、最弱前置谓词的概念，无疑是它的中心思想。同时，Morgan

的重要思想 Programming from specification 对其形成起了深远影响和巨大作用，使得该方法成为目前国际上最受重视的软件形式化方法之一。

B 方法以规格说明语言的研究为背景，在引入一些面向对象机制等特点的同时，保留了语言的优点。B 方法使用相对简单且运用人们熟悉的符号表示法广义代换来表达状态的转换，从软件的规格说明到编码的形成是一致的形式描述，使程序和程序的规格说明处于统一的数学框架之下，以一种基于集合论的符号表示法来书写，减小了出现语义错误的可能性。这种数学框架是以谓词变换和扩展的最弱前置条件为前提的。

2. B 方法的特点

（1）简单熟悉的符号表示法。

这种符号表示法用来表达状态转换，从规格说明到编码，这种统一的形式减小了学习的难度，减少了转换中的语法错误，设计这种数学程序设计语言让人们使用一种非常具体的规格说明形式，而且对软件工程师来说是极为有益的。

（2）模块化构造。从规格说明到实现的模块化构造允许将规格说明和验证过程分解为多个子任务来执行，这个优点与其他类似的规格说明语言相比是非常突出的，而且其中的结构化工具更容易学习。

（3）大量实用的工具支持。现有的大量实用工具支持方法软件开发周期的所有阶段，包括动画和文档生成，其他形式化方法中还没有类似的集成工具。

（4）成功的工业应用。B 方法已在很多工业领域得到成功应用，包括实时、仿真、信息处理和工程等。

3. B 方法抽象机

B 方法包含一种 AMN 的结构化机制，这种开发方法建立在数学理论基础上，还包括广义替换、精化、软件的层次体系结构理论。AMN 是 B 方法中的一种基本的封装机制，非常接近人们在程序设计中所熟知的一些概念，如类（SIMULA）、抽象数据结构（CLUE）、模块（MODULA-2）、包（ADA）、对象（EIFFEL）等概念。

B 方法根据功能需求进行正确性验证，保证软件产品具有高可靠性、可移植性、可维护性。该方法使用 AMN 作为软件开发过程中的规约、设计及实现语言，AMN 是 Dijkstra 的卫式命令语言的改进和扩展，在大型软件系统构造中具有一种内置的结构化机制。另外，广义置换语言（GSL）提供 AMN 的形式语义，标识 AMN 的操作，在 GSL 中引入定序和循环结构，并重写 AMN 中的操作以便更接近可执行代码的控制结构（最终命令式程序代码由代码生成器自动转换得到）。

AMN 中有赋值和条件语句，也有前置条件、多重赋值、约束选择、卫、无约束选择。AMN 中没有定序和循环，理解 AMN 的根据是状态及改变状态的操作，即包括静态和动态分析，静态对应状态的定义，动态对应其操作。

B 方法中 AMN 的语法表示如下：

```
MACHINE
  Machine_Header
```

```
CONSTRAINTS
  Predicate
USES
   Id_List
SETS
   Sets
CONSTANTS
   Id_List
ABSTRACT_CONSTANTS
   Id_List
PROPERTIES
   Predicate
INCLUDES
   Machine_List
OPERATIONS
   Operations
PROMOTES
   Id_List
EXTENDS
   Machine_List
VARIABLES
   Id_List
CONCRETE_VARIABLES
   Id_List
INVARIANT
   Predicate
DEFINITIONS
   Definitions
INITIALIZATION
   Substitution
END
```

上面 AMN 中的变量、不变式、操作部分是主要的，其他为可选项（视功能需要而定）。抽象机之间可以通过 INCLUDES、IMPORTS、USES 和 SEES 等建立各种联系。

12.3.3 需求获取形式化语言的表示

由于 UML 的语法结构使用了形式化规约，语义部分是用自然语言描述的，这种半形式化的建模语言使得对所建模型难以进行定量定性的分析和验证，而 B 方法支持软件开发的全过程，有一套严谨的理论分析方法和工具，所以使用 B 方法对 UML 模型进行形式化转换可以解决 UML 缺少模型分析、验证手段不足的问题。

12.4 形式化的案例

免疫系统是一种复杂系统，建议使用复杂网络的描述方法来描述这种复杂系统，然后利用复杂网络中的社团划分方法获取系统的功能需求信息，可以把需求信息用 UML 的图描述出来，再把它转变成 B 形式化的需求规格说明，这样就不会出现含有人为理解成分的有歧义的需求规格说明。

12.4.1 免疫系统

在医学上对免疫的定义是机体接触抗原性异物的一种生理反应现象。免疫的现代定义是机体针对外来物质产生的一种反应，它的作用是识别和排除抗原性异物，维持机体的生理平衡。这些维持机体稳定性的反应通常对机体是有利的，但在某些条件下也是有害的，所以免疫的现代概念可以概括地指机体识别和排除抗原性异物的功能，即机体区分自己和非己的功能。

免疫系统是保护机体免受外来抗原和异物侵害的保护系统，就像一支训练有素的防卫军队，昼夜不停地保护着机体，使机体免受病原微生物的侵害，同时时刻警惕着人类细胞，以免它们做出不轨行为，诱发疾病。人们对免疫系统已经进行了大量的研究，但过去的研究往往通过对细胞和分子的研究产生一些实验数据来刻画免疫系统，现在则趋向于将系统看成一个整体来研究，把免疫系统看成一个由众多细胞相互作用构成的复杂网络。

免疫系统是复杂的非线性系统，研究者至今还不能完美地描述它的行为特性。生物学家所用的传统实验工具已不能测定大量免疫细胞的自身特性和相互作用规律，所以使用计算机模拟仿真势在必行，免疫系统受到了计算机科学和工程研究人员的广泛关注，对解决工程或科学问题很有帮助。

12.4.2 免疫系统建模

1. 需求描述

由于免疫系统是由免疫细胞构成的，所有设计免疫系统的关键是设计免疫细胞，凡是由免疫细胞发挥效应以清除异物的过程均称为细胞免疫，参与作用的细胞称为免疫效应细胞或致敏细胞。细胞免疫是由 T 细胞介导的，当 T 细胞受到抗原刺激后，便会增殖、分化，转化为 T 效应细胞，当以后有相同的抗原再次进入机体的细胞中时，T 效应细胞对抗原有直接杀伤作用，它释放的细胞因子也有协同杀伤作用。

一个未经过分化的初始 T 细胞可以存活很多年，这些初始细胞循环往复地在血液和淋巴器官之间流动侦察身体中可能出现的变化，这个发现过程由 T 细胞和抗原提呈细胞（APC）协助交互完成，当特定的抗原提呈细胞停止移动时，初始 T 细胞能识别出其表面的特异性抗原，活化、增殖并且分化成起到警卫作用的效应 T 细胞，最终将抗原清除。

在抗体第一次消灭抗原细胞时，会产生记忆细胞。记忆细胞不能直接执行效应功能，只有当再次遇到相同或相似抗原的刺激时，它才会更迅速、强烈地增殖分化为效应细胞，有少数记忆细胞可以再次分裂为记忆细胞，持久地执行特异性免疫功能。

2. 复杂网络模型

免疫系统是机体保护自身的防御性结构，主要由淋巴器官（胸腺、淋巴结、脾、扁桃体）、其他器官内的淋巴组织和全身各处的淋巴细胞、抗原呈递细胞等组成；广义上也包括血液中其他白细胞及结缔组织中的浆细胞和肥大细胞。构成免疫系统的核心成分是淋巴细胞，它使免疫系统具备识别能力和记忆能力。淋巴细胞经血液和淋巴周游全身，从一处的淋巴器官或淋巴组织至另一处的淋巴器官或淋巴组织，使分散各处的淋巴器官和淋巴组织连成一个功能整体。

免疫系统是非常复杂的系统，根据 COPE 数据库整理得到免疫系统的细胞与分泌的介质的数据，用网络的形式将其描述出来。图 12-2 所示为免疫系统二分网络图，图中有两类节点，一类是细胞，另一类是参与者，图中有 44 个细胞，1639 种介质。细胞到介质的边表示细胞分泌的介质。

图 12-2　免疫系统二分网络图

根据二分图对其一模式的投影，并运用群落算法对免疫系统进行群落划分，群落划分选用 NEWMAN 快速算法，并得到如图 12-3 所示的免疫系统的群落图，每一种颜色代表一个群落。

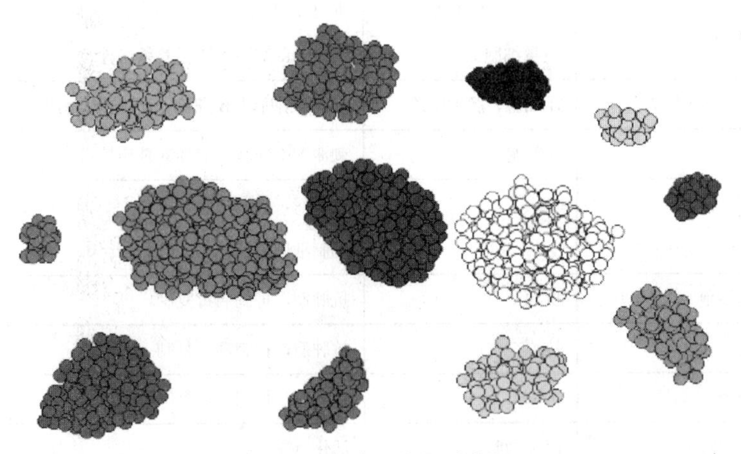

图 12-3　免疫系统的群落图

根据图 12-3 的群落图，选取其中某一个群落对其进行研究。其中包含的细胞和因子有抗原、抗体、B 细胞、T 细胞、B 记忆细胞、B 效应细胞、TH 细胞、TD 细胞、效应 T 细胞、T 记忆细胞、细胞因子（1L-2、1L-4、1L-5、1FN）等，它们主要完成一个体液免疫的过程。

根据几种常见免疫细胞与免疫因子的功能以及它们之间的相互作用，最终得出因子网络调控图，如图 12-4 所示。

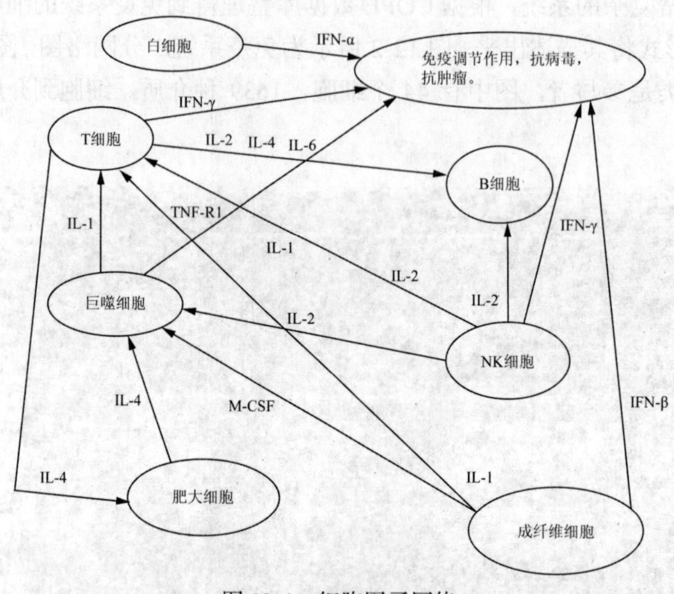

图 12-4　细胞因子网络

图 12-4 由三部分组成：细胞、细胞因子、抗原。它们之间相互发生作用，图中各细胞因子的分泌源、作用对象以及它在模型中模拟的作用功能描述如表 12-1 所示。

表 12-1　各细胞因子的分泌源、作用对象及主要功能

细胞因子	分泌源	作用对象	主要功能
IL-1	巨噬细胞、成纤维细胞	T 细胞、B 细胞	活化 T 细胞、B 细胞
IL-2	T 细胞、NK 细胞	T 细胞、B 细胞、巨噬细胞	促进 T 细胞、B 细胞的生长，刺激 NK 细胞，增强其杀伤性
IL-4	T 细胞、肥大细胞	B 细胞、肥大细胞	促进 T 细胞、B 细胞、肥大细胞的生长，活化巨噬细胞
IL-6	T 细胞	B 细胞	刺激 NK 细胞，增强其杀伤性
IFN-α	白细胞	抗原	抗肿瘤，抑制病毒复制，抑制细胞增长
IFN-β	成纤维细胞	抗原	抗肿瘤，抑制病毒复制
IFN-γ	T 细胞	抗原	抗肿瘤，抑制病毒复制
TNF-R1	巨噬细胞	抗原	抗肿瘤，抑制病毒复制
M-CSF	成纤维细胞	巨噬细胞	活化巨噬细胞

复杂系统的一些基本特性可以使用复杂网络的研究方法研究得到，其中一个参数如图 12-5 所示。

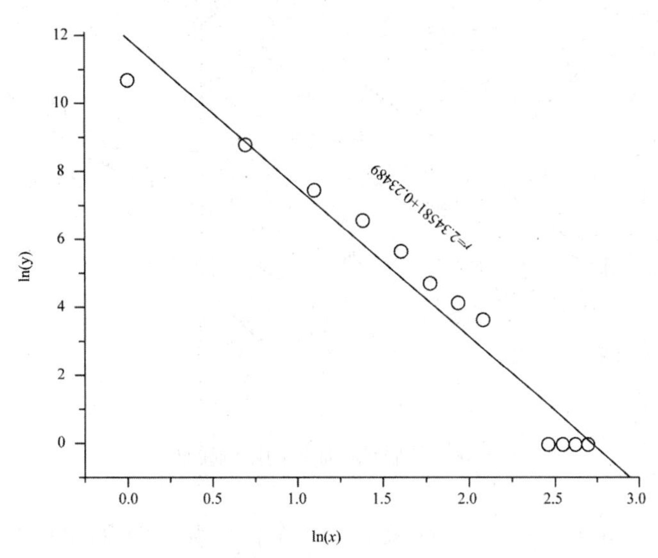

图 12-5　免疫细胞因子网络的项目度分布

3. *用例模型*

在此系统中，采用的用例图支持系统中的需求分析来建立需求模型，从需求描述中可以看出此系统的主要参与者有抗体、抗原、T 细胞。

关于参与者描述如下。

（1）抗原 Ag（antigen）：是指能够刺激机体产生免疫应答，并能与相应免疫应答产物在体内或体外发生特异性结合的物质，引起细胞免疫的抗原多为 T 细胞依赖抗原。

（2）T 细胞（T cell）：又称为 T 淋巴细胞，T 细胞经其自身分化为效应细胞后直接执行免疫功能，在体液免疫应答中发挥重要作用，T 细胞经淋巴管、组织液等进行再循环，广泛接触进入体内的抗原物质，加强免疫应答和保持免疫记忆，发挥细胞免疫及免疫调节等功能，还能直接袭击被感染的细胞。

（3）抗原呈递细胞：通常所说的抗原呈递细胞指表达 MHC-Ⅱ分子的巨噬细胞、树突状细胞、B 细胞等，能摄取并加工处理抗原将抗原信息提呈给 T 细胞，又称为辅佐细胞。

免疫系统中细胞的用例大致有入侵（instrusion）、抗原呈递（present）、加工处理（processing）、识别（recognition）、活化（activation）、细胞因子表达（express）、增殖（proliferate）、分化（differentiate）、清除抗原（kill）、配体与受体的绑定（bind）、对 T 细胞的促进或抑制作用（promote，restrain）。

用例与参与者有以下关系：当机体接受抗原性异物的刺激后，体内的抗原呈递细胞首先会对抗原进行加工处理并进行呈递，然后抗原特异性淋巴细胞对呈递的抗原进行识别后，引起相应的淋巴细胞活化、增殖和分化，从而产生一系列免疫效应，将入侵的抗原性异物排除，用例图表示如图 12-6 所示。

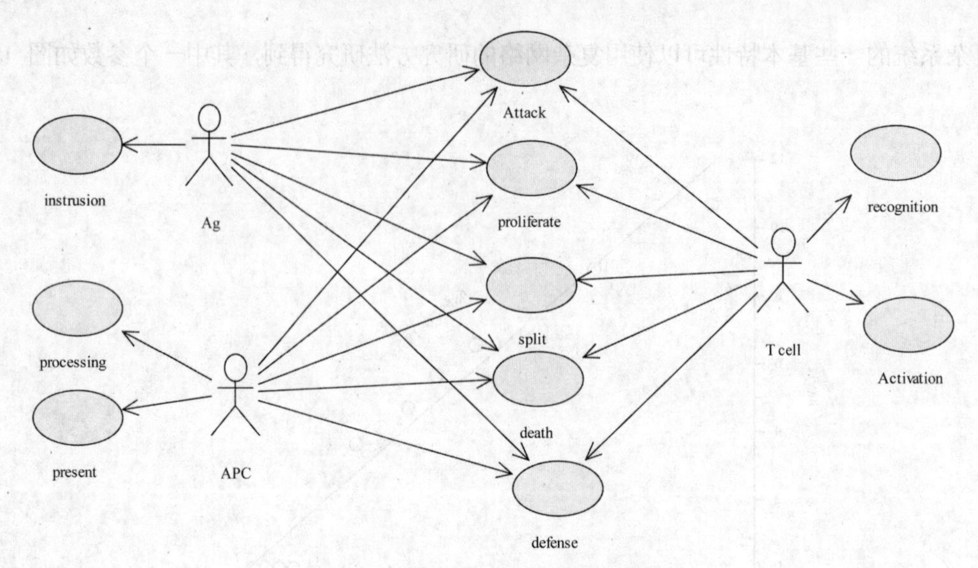

图 12-6　细胞免疫应答的用例模型

参与者的机器表示如下，所有参与者定义为一个枚举集合 ACTOR={Ag，T cell，APC}。

```
MACHINE
  Actor
SETS
  ACTOR={Ag, T cell, APC}
VARIABLES
  actor
INVARIANT
  actor:Actor
INITIALIZATION
  actor:= {}
OPERATIONS
  …
END
```

用由二元关系构成的枚举集合 ASSOCIATION 表示参与者与用例的关联关系，并且所有的参与者和用例分别用枚举集合 ACTOR 和 USE-CASE 表示。ASSOCIATION 集合中的对象定义为变量 association:

```
MACHINE
  Association
SETS
  ACTOR={Ag, T cell, APC};
  USE-CASE={instrusion, present, processing, recognition, activation,
proliferate, split, death, attack, defence };
  ASSOCIATION={(Ag, intrusion), (Ag, proliferate), (Ag, differentiate), (Ag,
death), (Ag, attack), (Ag, defence), (T cell, recognition), (T cell,
  activation), (T cell, proliferate), (T cell, differentiate), (T cell, death),
  (T cell, attack), (T cell, defence), (APC, present, )(APC, processing)(APC,
```

```
proliferate), (APC, differentiate), (APC, death), (APC, attack), (APC,
defence)}
VIRIABLES
   actor, use-case, association
INVARIANT
   actor:ACTOR∧
   use-case:USECASE∧
   association : ASSOCIATION
INITIALIZATION
   actor, use-case, association:={}, {}, {}
OPERATIONS
   OperationName=
   …
END
```

参与者之间的关系将在类图中予以描述，用例之间的泛化关系中用枚举集合 GENERALIZATION 表示父用例和子用例，设置 parent、child 变量表示父用例和子用例集合中的对象，变量 generalization 是有输入参数的变量，用这种参数的操作表示父用例与子用例之间的对应关系：

```
MACHINE
   Generalization
SETS
   GENERALIZATION={bind, BindLigand, FreeLigand, express, evExpress,
UnExpress }
VIRIABLES
   parent, child, generalization
INVARIANT
   parent, child(GENERALIZATION
OPERATIONS
   bindj generalization(child)=
      PRE child= BindLigand‖child= FreeLigand
      THEN parent:=bind
      END;
   expressj generalization(child)=
      PRE child= evExpress‖child= UnExpress
      THEN parent:= express
      END;
END
```

Include 机器表示如下：

```
MACHINE
   Include
SETS
   INCLUDE={ express, recognition, activation}
VIRIABLES
   usecase, clientusecase, offeredusecase
```

```
INVARIANT
    clientusecase, offeredusecase(INCLUDE∧
    clientusecase:=recognition∧clientusecase:=activation∧
    offeredusecase:=express
OPERATIONS
    …
END
```

整个用例机器体现了用例之间的关系：

```
MACHINE
    UseCase
INCLUDES
    Actor, Association, Generalization, Include
OPERATIONS
    …
END
```

4. 静态行为建模

在获得系统基本需求的用例模型后，通过考察系统对象的各种属性创建系统静态模型。首先确定系统参与者的属性，将用例图中的对象都映射到类中，系统需要实现的类以及各个类之间的关系通过类图表示。

免疫系统用例涉及的 Ag、T cell、APC 类的类图如图 12-7 所示，图中描述了三个主要对象类之间的关系：辅助 T 细胞（ThelperCell），受体（Receptor）和配体（Ligand）。ThelperCell 类是一个包含其他对象类的父类，被包含的对象都属于受体 ReceptorT 细胞类与 Ligand 类中的对象为一对一的关联关系，用 Bind 表示这种关联，Receptor 类与 Ligand 类也是如此，ThelperCell 类与细胞因子类 Cytokine 类为依赖关系。

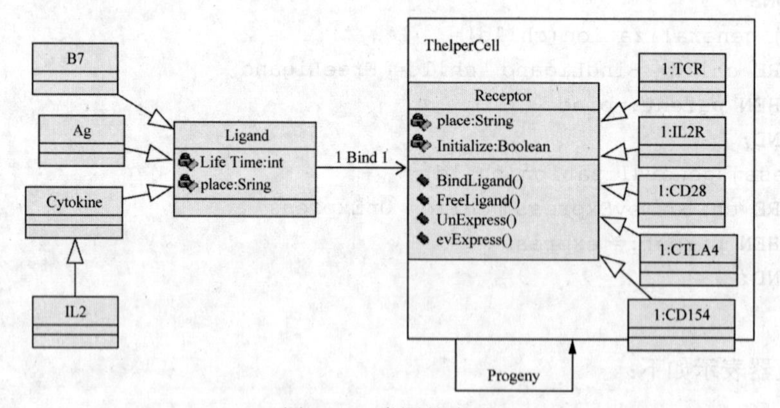

图 12-7　类图的表示

为了更精确地表示系统需求，将其转化成 B 机器表示：

Ligand 类机器：

```
MACHINE
    Ligand
SETS
    LIGAND; LIFETIME; PLACE
VARIABLES
    ligand, LifeTime, place
INVARIANT
    ligand(LIGAND∧LifeTime: LIFETIMEk INT∧
    place:PLACEkString
INITIALIZATION
    Ligand:= {} || LifeTime:= {} ||place:=NULL
OPERATIONS
    …
END
```

类 B7、Ag 之间是泛化关系，机器表示如下：

```
MACHINE
    Child1
SETS
    CHILD1={B7, Ag }
EXTENDS
    Ligand
VARIABLES
    v
INVARIANT
    v(CHILD→enum)
INITIALIZATION
    child1:=NULL
OPERATIONS
    …
END
```

Receptor 类的机器表示如下：

```
MACHINE
    Receptor
SETS
    RECEPTOR
VARIABLES
    receptor, place, initialize
INVARIANT
    receptor(RECEPTOR∧place:Receptor→String∧
    initialize:Receptor→Bool
INITIALIZATION
    Receptor, place, initialize:= {}, {}, {}
OPERATIONS
    BindLigand(); FreeLigand(); UnExpress(); evExPress();
END
```

Receptor 类与 TCR 类等之间的泛化关系如下：

```
MACHINE
    Child2
SETS
    CHILD2={TCR, IL2R, CD28, CTLA4, CD154}
EXTENDS
    Receptor
VARIABLES
    child2
INVARIANT
    child2(Receptor→enum)
INITIALIZATION
    child2:=NULL
OPERATIONS
    …
END
```

超类 ThelperCell 的机器表示如下：

```
MACHINE
    ThelperCell
SETS
    THELPERCELL ={Recptor, Child2}
VARIABLES
    t1, t2
INVARIANT
    t1(Receptor∧t2(Child2
INITIALIZATION
    t1, t2: = {}, {}
OPERATIONS
    …
END
```

最后 Ligand 类和 ThelperCell 类的关系描述如下：ThelperCell 类与 Ligand 类之间为一对一的 Bind 关联关系；ThelperCell 类本身也有关联关系，表示 T 细胞的分化，一个 T 细胞可以分化为两个子细胞。关联关系用 USES 子句描述：

```
USES Thelpercell
VARIABLES
     association1, association2
INVARIANT
     association1:Ligand 9 Thelpercell∧
     association2: Thelpercell→Thelpercell
```

5. *动态行为建模*

1）状态模型

在 T 细胞活化过程中，T 细胞动态属性只能用状态图来表示。采用同时进行的细胞周期和免疫状态这两部分正交的状态图来表示 T 细胞在整个细胞免疫过程的状态变化。

（1）细胞周期控制。初始 T 细胞如果没有分化可以存活很长时间，这段时期标记为 G0 阶段。在双信号的参与下 T 细胞初次遭遇抗原，触发操作 EnterCellCycle 将细胞周期转换到 G1 阶段，事件 evIL2Rbound 将引起细胞周期从 G1 状态转移到 S 状态。如果在细胞周期的 S 阶段没有细胞死亡，细胞将单纯依靠时间限制 tm（6000）直接进入下面的细胞周期。进入 M 状态后，会触发一系列反应促使 T 细胞产生两个新的子细胞。

用 UML 状态图描述 T 细胞的活动状态，其中 NoCellCycles（细胞周期数）表示细胞周期的个数，初始 T 细胞的细胞周期数为 0，分化后的 T 细胞周期数都大于 0，如图 12-8 所示。

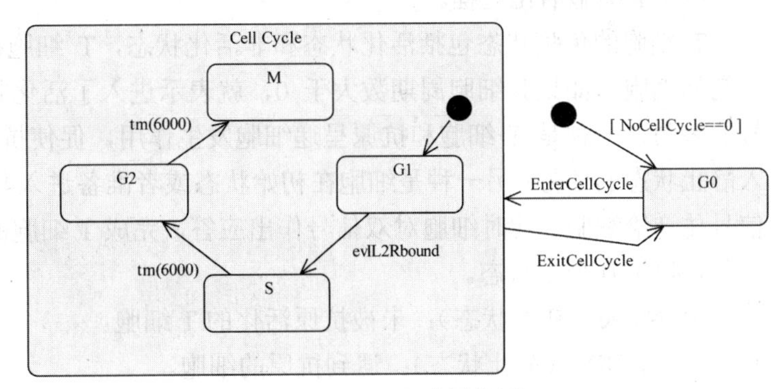

图 12-8 T 细胞周期图

状态图由 Cell Cycle 和 G0 两大超状态组成，用集合 STATE 表示，其中 Cell Cycle 还包含四个子状态，为了更精确地表示系统需求，将其转化成 B 机器表示，用枚举集合 event 表示事件，变量 c 表示 Cell Cycle 集合中的元素。

```
MACHINE
   CellCycle
SETS
   STATE={CELLCYCLE, G0}; C={M, S, G1, G2 }
VARIABLES
   c, r
INVARIANT
   c:C∧r:STATE
INITIALISATION
   c:=G1 ‖ r:=G0
OPERATIONS
   EnterCellCycle=
      PRE r=G0
      THEN r:=CELLCYCLE ‖ C:=G1
      END;
   evIL2Rbound=
IF r=CELLCYCLE∧c=G1
THEN c:=S
END;
   tm(6000)=
```

```
SELECT r=CELLCYCLE∧c=s
      THEN  c:=G2
      ELSE c:=M
      END;
   ExitCellCycle=
      PRE c=m∧r=CELLCYCLE
      THEN r:=G0
      END
  END
```

（2）T 细胞活化过程。

T 细胞的免疫状态包括活化状态和非活化状态，T 细胞在非活化状态下细胞周期数为 0 即初始细胞，如果其细胞周期数大于 0，就表示进入了活化状态。T 细胞完全活化需要双信号的参与，一种是 T 细胞和抗原呈递细胞发生作用，促使抗原受体 TCR 发出由初始状态进入静止状态的信号；另一种是细胞在初始状态或者准备进入其无应答阶段时，由 APC 产生的信号传递给细胞，此时细胞对双信号作出应答，完成 T 细胞的活化。在非活化状态下 T 细胞又包括以下几个子状态。

① Naive（初始状态）：未被抗原活化的 T 细胞。

② standBy（静止状态）：遇到抗原的细胞。

③ Anergic（无应答状态）：初始 T 细胞识别到一个不能提供双信号的抗原时不会产生反应，这样的 T 细胞也就不会分化成效应细胞。

④ Memory（记忆状态）：在没有遇到类似抗原的情况下，记忆 T 细胞会存活很长时间。

T 细胞分为 Th0、Th1 和 Th2 三种类型，抗原刺激后的较短时间内，T 细胞可以产生多种细胞因子进入 Th0 状态，随后在多种因素的影响下分化成 Th1 和 Th2。用状态图来描述 T 细胞的活化过程如图 12-9 所示。

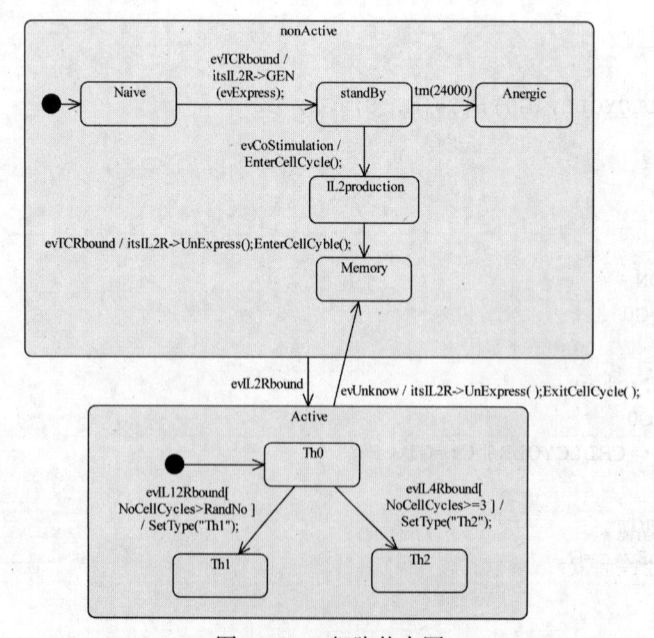

图 12-9　T 细胞状态图

对 T 细胞的免疫状态图进行形式化转换（与传统转换方法不同，这里将引起状态之间转移的事件定义为枚举变量，将状态之间的转移定义为机器中的操作，从而避免了使用选择结构）。

```
MACHINE
   TCellState
SETS
   S={nonActive, Active};
   R1={Naive, standBy, Anergic, IL2production, Memory};
   R2={Th0, Th1, Th2}
VARIABLES
   s, r1, r2
INVARIANT
   s:S∧r1:R1∧r2:R2
INITIALISATION
   s=nonActive ‖ r1:=Naive ‖ r2:=Th0
OPERATIONS
   TRAN12(event)=
      PRE event=evIL2Rbound
      THEN s:=Active
      END;
   TRAN21(event)=
      PRE event=itsIL2R->UnExpress()
      THEN s:=nonActive ‖ r1:=memory ‖ Exitcellcycle()
      END;
   t1(event)=
      PRE events=evTCRbound
      THEN r1:=standBy ‖ itsIL2R->GEN(evExpress)
      END;
   t2(event)=
      PRE event=tm(24000)
      THEN r1:=Anergic
      END;
   t3(event)=
      PRE event=evCostimulation
      THEN r1:=IL2production ‖ EnterCellCycle()
      END;
   t4(event)=
      PRE event=evTCRbound
      THEN
      r1:=IL2production ‖ itsIL2R->GEN(evExpress) ‖ EnterCellCycle()
      END;
   t01(event)=
      PRE event=evIL12Round∧NoCellCycle>RandNo
      THEN r2:=Th1 ‖ setType("Th1")
      END;
   t02(event)=
```

```
PRE event=evIL12Round∧NoCellCycle>=3
THEN r2:=Th2 ‖ setType("Th2")
END;
......
```

2）顺序模型：细胞免疫应答过程

最后用顺序图描述对象之间的消息传递模型，T 细胞介导的细胞免疫应答过程包括识别阶段、分化阶段、效应阶段，如图 12-10 所示。

（1）在无特异抗原刺激的情况下，效应 T 细胞以非活化的形式存在。

（2）抗原识别：当抗原进入机体后，初始 T 细胞表面的 TCR 与抗原呈递细胞表面的 MHC 分子复合物特异结合。

（3）初始 T 细胞在抗原以及辅助因素的作用下活化、增殖、分化成效应 T 细胞，效应 T 细胞可以对抗原进行清除并调节免疫应答。

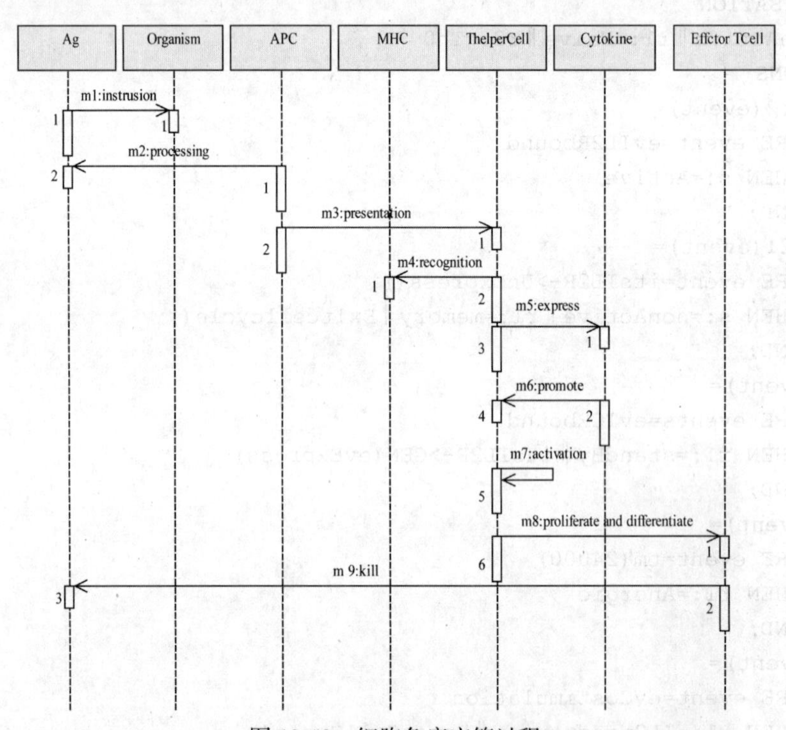

图 12-10　细胞免疫应答过程

使用枚举集合 OBJECT 表示对象的集合，B 机器表示如下：

```
MACHINE
    ImmuneResponse
SETS
    OBJECT={Ag, Organism, APC, MHC, ThelperCell, Cytokine, EffctorTCell};
    MESSAGE={instrusion, processing, presentation, recognition, express,
promote, activation, proliferate and differentiate, kill};
    MSGID={m1, m2, m3, m4, m5, m6, m7, m8, m9}
CONSTANTS
    loc_max
```

```
PROPERIES
    loc_max:NAT1∧card(MSGID)= max_loc
VARIABLES
    loc, source, target, msgid, msg, sequence
INVARIANT
    object:OBJECT∧msg:MESSAGE∧
    f :LOCATION k MESSAGE∧
    source, target:OBJECT kMESSAGE∧
    sequence:sequence(MSGID)
INITIALIZATION
    object, loc, location:= {}, {}, {}‖msgid:=NULL
OPERATIONS
     msgidj f(loc, msg)=
          PRE  Source, target:OBJECT kMESSAGE
          THEN msgid, loc:=ms, (obji, n)‖sequence:=sequencecmsgid
          END
    END
```

本节首先用 UML 对免疫系统中的细胞免疫进行建模，然后根据 UML-B 的转换规则对转换方法进行了改进，将 UML 模型图转换成 B 机器的表示。系统使用 RUP 过程描述免疫系统的功能。

12.4.3　系统模拟及结果分析

根据相关文献及现实医学中感冒病毒的统计数字，将模型中涉及的相关个体属性进行参数赋值，并根据系统运行的必要条件设计系统的初始化界面，如图 12-11 所示。

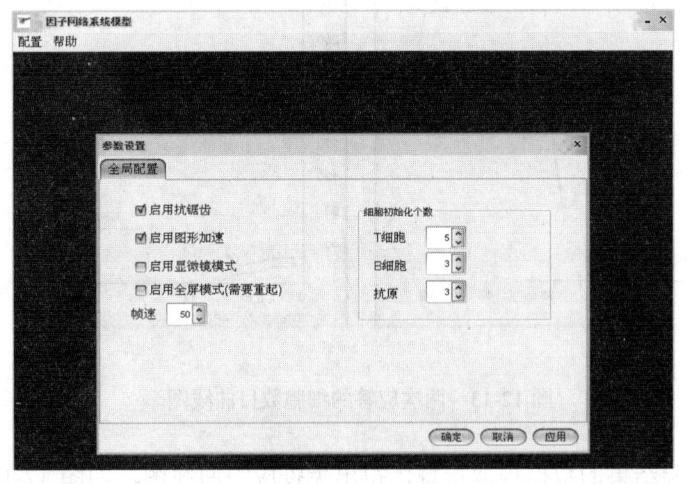

图 12-11　系统初始化界面

初始化之后进入系统仿真程序，在程序运行期间，细胞生长、分裂及死亡，抗原刺激细胞使细胞活化，抗体杀死抗原都是根据生物学中的说明来对它们进行条件限制，这样就确保了模拟的真实性。图 12-12 是系统运行时的情况。

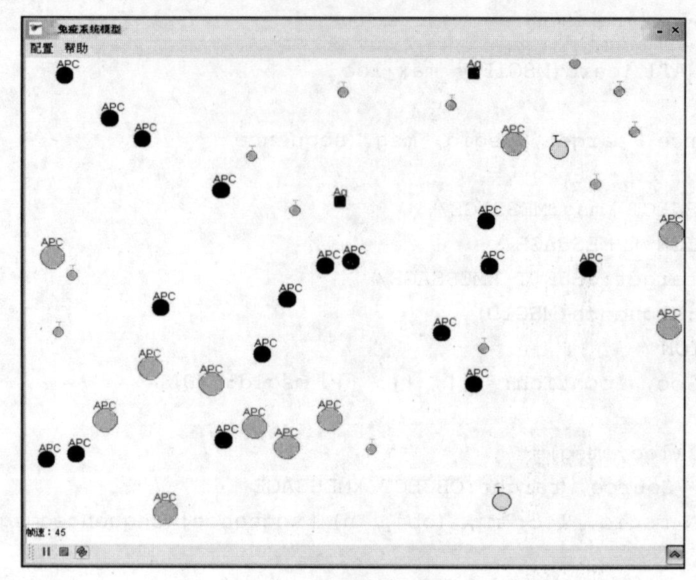

图 12-12　系统运行界面

图 12-13 表示免疫应答的发展过程曲线图，图中 *X* 轴代表时间刻度，每个时间点代表现实中的 4.5 小时。*Y* 轴代表细胞的数量，从图中可以看出，Ag 病毒在 37 点时数量变为 0，也就是说此时病毒排除。二次应答由于注入了 T 记忆细胞，所以病毒排除时间缩短，只需 14 个时间刻度，即 2.625 天。初次应答时需要进行学习过程，所以速度较慢，由于记忆细胞的关系，二次应答过程明显快于初次应答。实验结果验证了仿真的正确性和有效性。

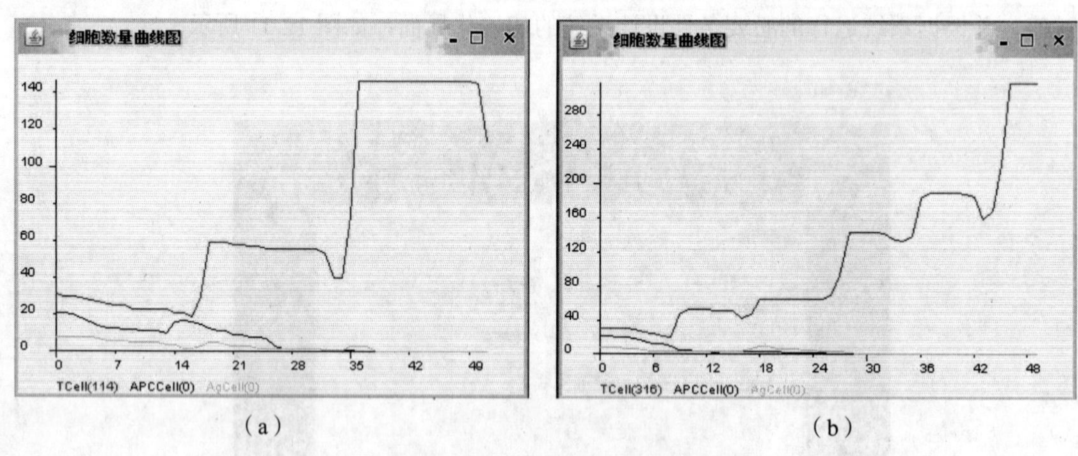

（a）　　（b）

图 12-13　两次应答的细胞数目曲线图

通过对两次实验结果的数据提取挖掘，得出免疫应答曲线图，如图 12-13 所示。通过对抗原不同时间点的数量进行作图对比，可以发现经过二次免疫后的抗原消失速度明显加快，与生物实验基本吻合。

第四部分

实验案例

第13章　综 合 案 例

我们鼓励学生自己动手做案例，每个学生独立完成，从学期之初开始做，一学期之内完成，中间分需求分析、设计、程序实现三次大作业完成。有的学生坚持在大学四年完成同一个中型案例，每门课上都有对比，这样更加深了对每门课的了解。毕业设计也可在此基础上优化完成。

综合应用案例很多，包括：KTV管理软件、运动会管理软件、炒菜软件、字体识别软件、牛奶健康软件、减肥软件、QQ 群改进软件、游戏造型软件、自选图片的连连看软件、失物招领网站等。

现选择一个典型的案例详细介绍，更多案例将在本书配套网上资源中展示。

13.1　通讯录安卓版需求分析

13.1.1　基本功能需求

使用该系统的主要有两种角色，分别为用户和管理员，下面对这两种角色进行基本功能需求分析。

1. 关于用户

（1）用户通过通话记录可以查看最近通话记录，选中其中一条记录，可以对该联系人拨打电话、发送短信或者删除记录。

（2）用户通过短信记录功能可以发送短信、删除短信记录。

（3）用户通过联系人功能可以保存联系人的详细信息，可以对联系人进行编辑、删除，还可以拨打电话、发送短信，可以根据索引条件搜索联系人。

（4）用户通过个人中心可以设置自己的详细信息，这样方便其他人了解自己，也可以将具有相同名字的联系人合并，此外，还能设置防打扰、找朋友、推荐好友给其他好友。云同步能使用户的数据在云端得到保存，在本地数据出现损坏的时候，通过云同步得以恢复，当然用户可以进行同步将数据更新到云端。

2. 关于管理员

管理员登录系统后，可以对数据库进行备份，也可以进行还原。

管理员可以对用户信息进行管理，包括查看、删除、更改。

13.1.2　系统用例分析

图13-1显示了通话记录功能模块，包括联系人详细信息查看，清空通话记录，在选择一

个条目后，可以对其进行拨打电话、发送短信功能的操作，也可以进行删除。

图 13-2 显示了短信记录功能模块的用例，包括查看短信、发送短信、删除选中的短信记录、清空整个短信记录，其中发送短信包含新建信息和回复信息。如果用户要新建信息，则发送对象可以自己手动输入对方的电话号码，也可以从联系人列表中选取，可以选中多个，如果是自己输入多个，则用“；”隔开即可。

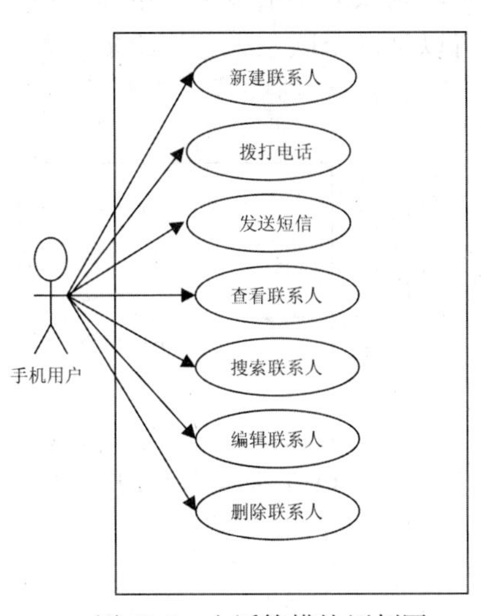

图 13-1 电话簿模块用例图

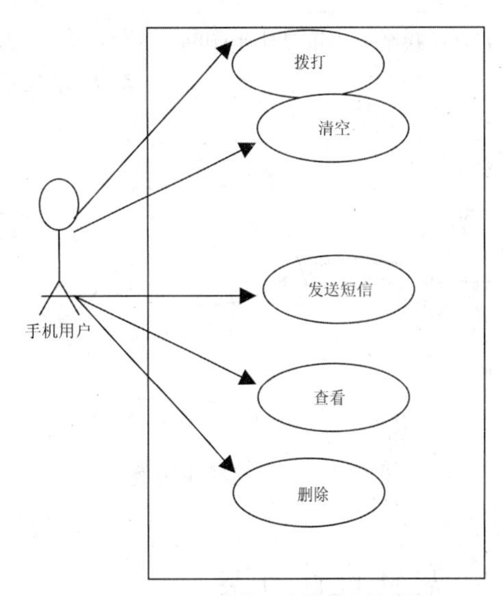

图 13-2 通话记录模块用例图

图 13-3 为个人中心模块中设置个人详细信息子模块的用例，该模块的功能就是用户设置自己的个人基本信息。

图 13-4 显示了联系人导入/导出的用例图。该模块的功能就是实现联系人的导入与导出。

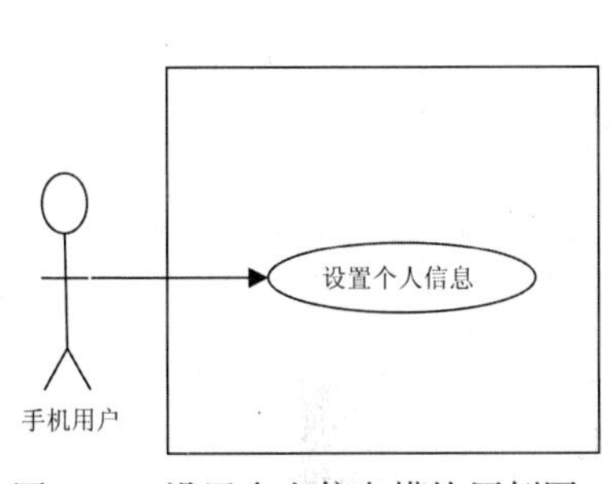

图 13-3 设置个人信息模块用例图

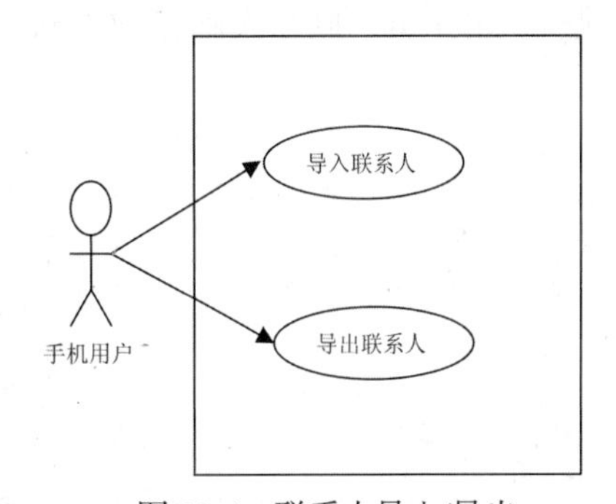

图 13-4 联系人导入/导出

图 13-5 为个人中心模块中联系人去重子功能模块的用例图。该模块的功能是将联系人列表里面具有相同名字的联系人提取出来，然后用户可以选择将其合并为一个联系人。

图 13-6 为个人中心模块中的防打扰模块。该模块的功能是用户可以设置黑名单，屏蔽不

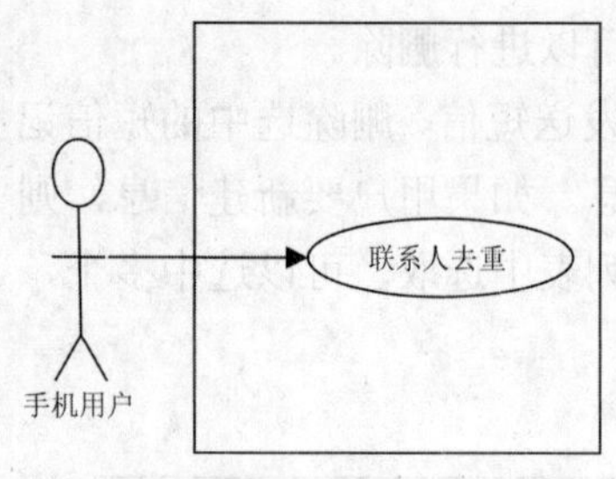

图 13-5　联系人去重模块用例图

想收到的短信或者接到的电话。设置黑名单的方式可以从联系人里面读取，也可以自己手动输入号码，此外，用户还可以查看到被拦截的短信记录和电话记录，该记录三天自动删除一次。

图 13-7 是个人中心模块中联系人分享子模块的用例。通过此模块，用户可以将自己电话簿里面的联系人分享给其他人，分享方式可以是一个联系人分享给多人，可以是多个联系人分享给一个人，也可以是多个联系人分享给多个人。

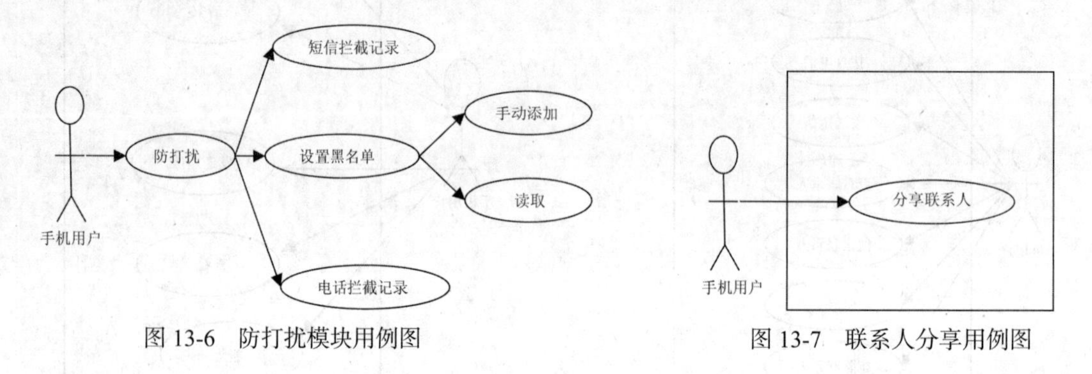

图 13-6　防打扰模块用例图　　　　图 13-7　联系人分享用例图

13.2　总体设计方案

13.2.1　系统类图

根据通讯录功能的拨号、短信、对联系人的编辑等可以设计出 AddNews、Mainjava、MainPrivacy、UseDetail、DBHelper、User 等类。

（1）AddNews 类：表示基本联系人信息类，包含的属性有联系人头像按钮 imageButton、联系人姓名 et_name、联系人电话号码 et_mobilePhone、联系人办公号码 et_officePhone、联系人地址 et_address、联系人邮箱 et_email 等。

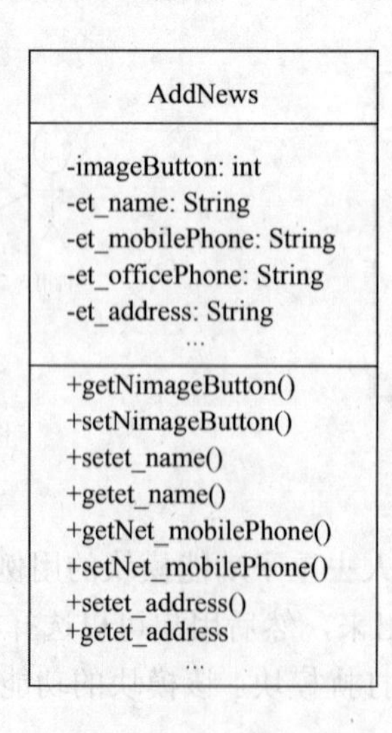

（2）DBHelper 类。

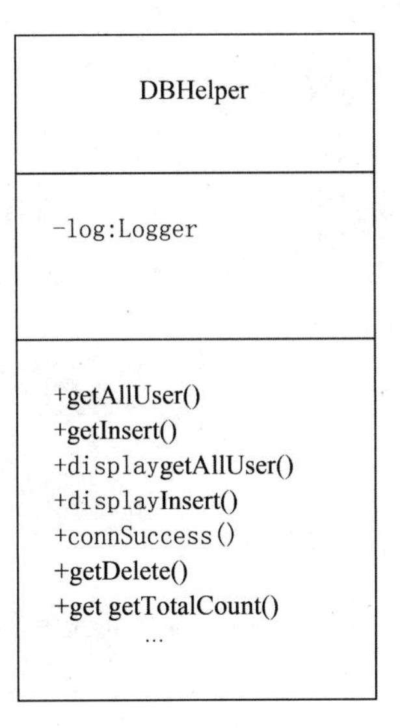

（3）MainPrivacy 类：实现增、删、改的类，同时提供前台获得新闻列表的方法，该类执行具体的业务逻辑。

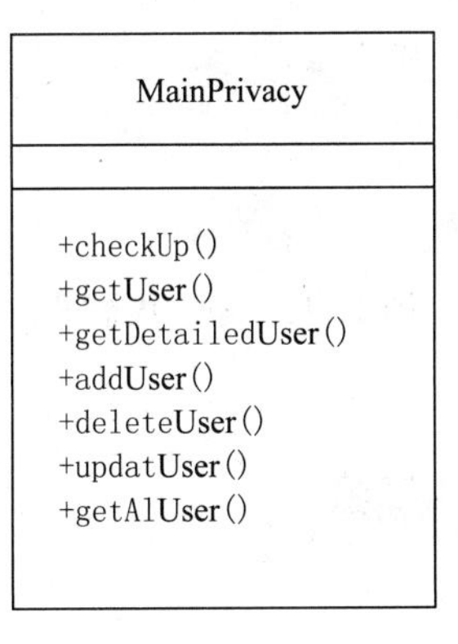

13.2.2　状态图

如图 13-8 所示，其中闲置状态视为系统的初态。

如图 13-9 所示，其中闲置状态视为系统的初态，也可为系统的结束状态。

如图 13-10 所示，其中短信状态视为系统的初态，也可为系统的结束状态。

如图 13-11 所示，其中闲置状态视为系统的初态，也可为系统的结束状态。

如图 13-12 所示，其中闲置状态视为系统的初态，也可为系统的结束状态。

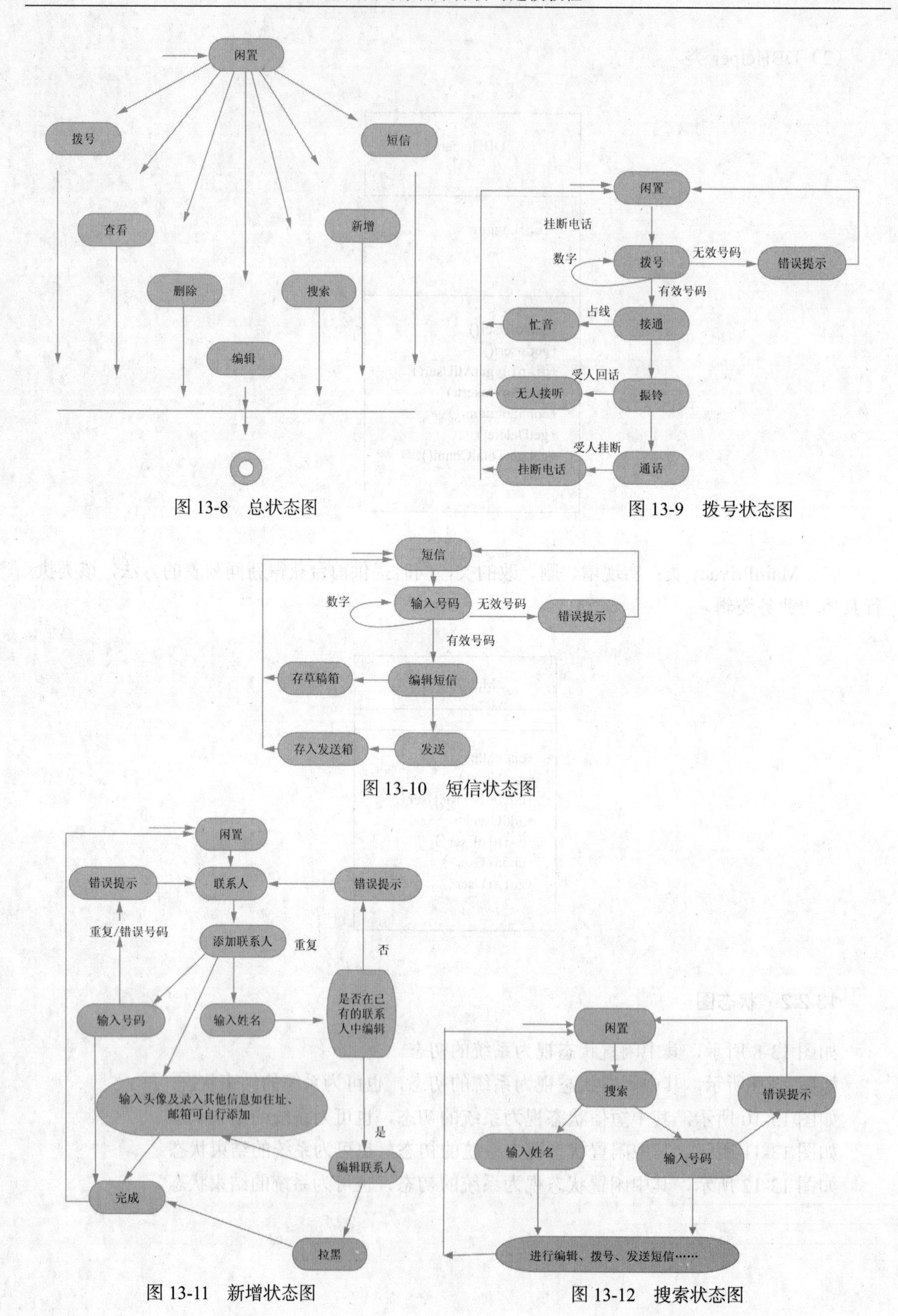

图 13-8　总状态图

图 13-9　拨号状态图

图 13-10　短信状态图

图 13-11　新增状态图

图 13-12　搜索状态图

13.2.3 顺序图

该系统的顺序图主要包括手机用户添加联系人顺序表、手机用户编辑联系人顺序表、手机用户删除联系人顺序表、手机用户进行常用操作（如拨号、短信）等。

（1）添加联系人顺序图如图13-13所示，步骤包括：

①用户提交添加联系人的请求；②给联系人列表添加联系人对象提示；③用户输入要添加的联系人内容；④添加联系人，将输入的列表提交给数据库；⑤数据库添加成功后返回给用户添加成功的信息。

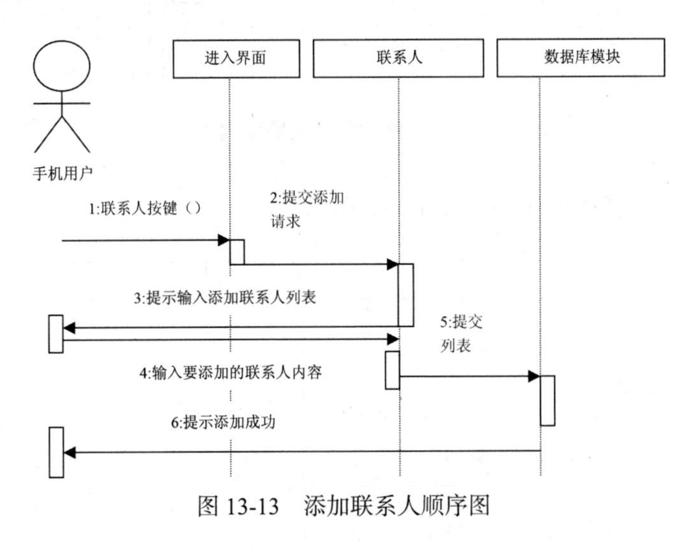

图13-13 添加联系人顺序图

（2）删除联系人顺序图如图13-14所示。

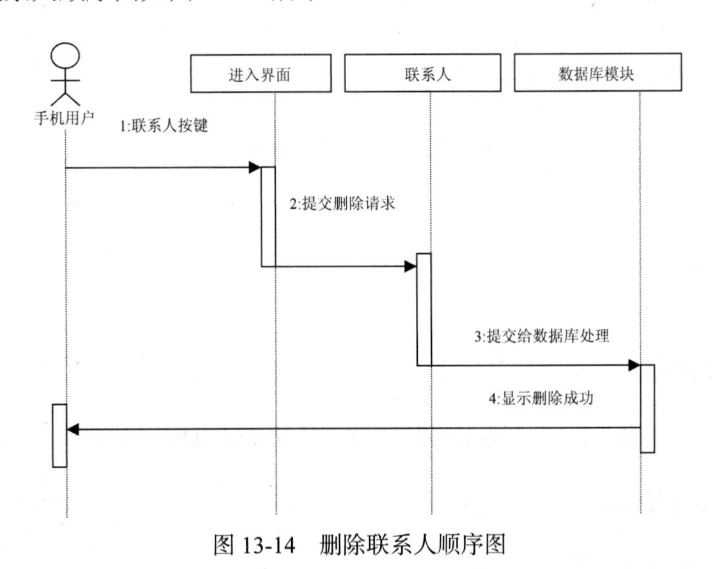

图13-14 删除联系人顺序图

（3）修改联系人顺序图如图13-15所示。

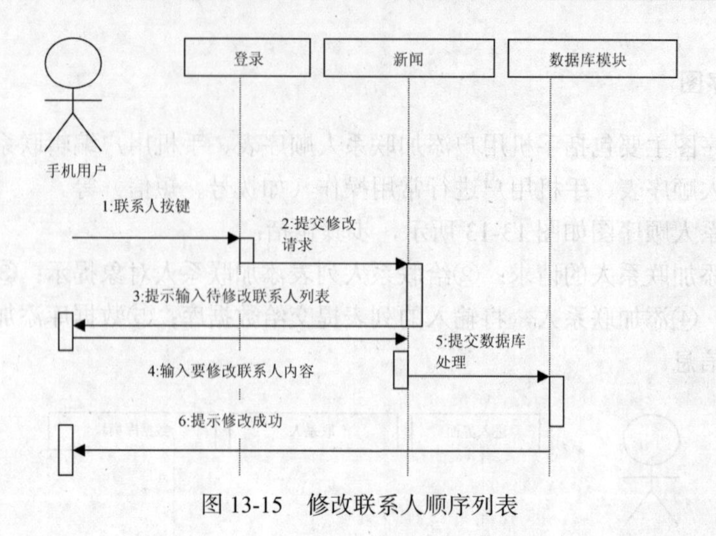

图 13-15　修改联系人顺序列表

（4）普通用户手机操作顺序图如图 13-16 所示。

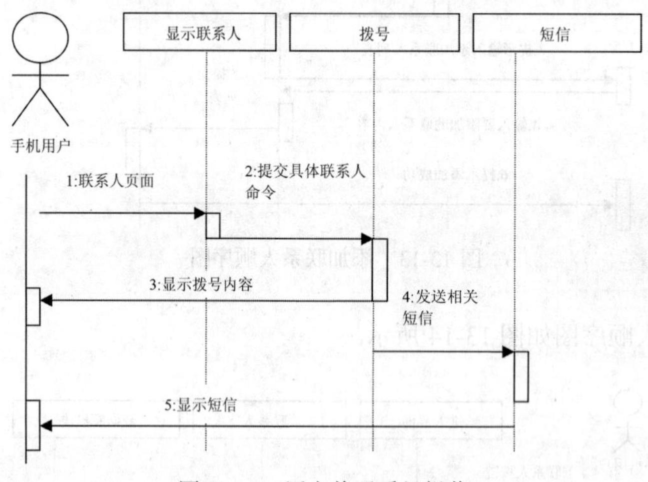

图 13-16　用户普通手机操作

13.3　详细设计

13.3.1　开发环境

开发比案例涉及的开发软件有 Eclipse、JDK、Android SDK、ADT。

13.3.2　系统界面设计

系统有如下主要页面文件。

（1）Main.xml 文件，如图 13-17 所示，显示已经存储的联系人数据。

（2）editcontact.xml 文件，如图 13-18 所示，显示对联系人编辑信息（长按按钮）。

（3）childlayout.xml 文件，如图 13-19 所示，显示单个联系人的信息（长按按钮）。

图 13-17　显示已经存储的联系人数据

图 13-18　显示对联系人编辑信息

图 13-19　显示单个联系人的信息

（4）popup_window.xml 文件，如图 13-20 所示，显示联系人基本操作。

图 13-20　显示联系人基本操作

（5）选择头像界面，如图 13-21 所示。分组页面如图 13-22 所示。日期页面如图 13-23 所示。

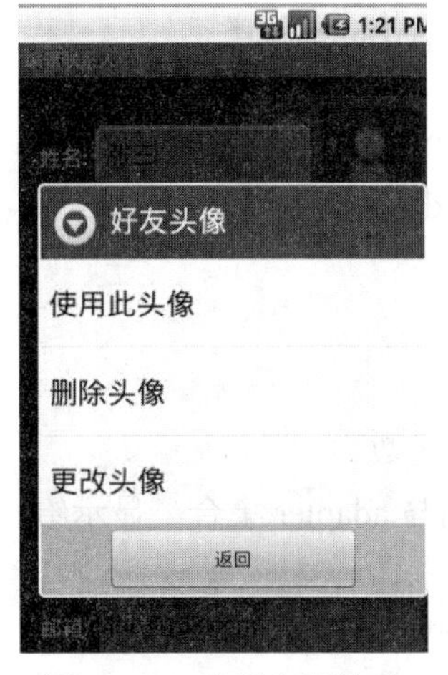

图 13-21　选择头像界面

图 13-22　分组页面

图 13-23　日期页面

13.3.3 程序设计

1. 数据类设计

（1）用户 User 类（图 13-24）主要用于暂存页面获得的信息，然后将其存入数据库中。

（2）ContactsManagerDbAdater 类主要完成数据库的表的创建和数据的添加、删除以及备份的功能，图 13-25 所示为各个具体的函数和变量。

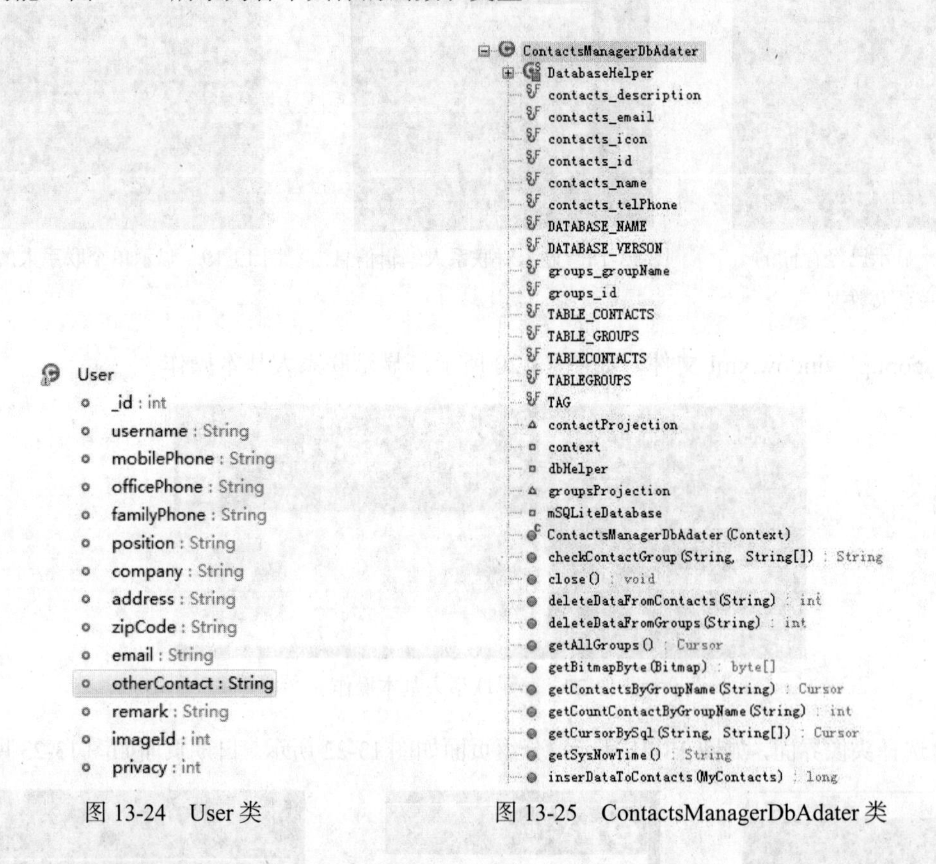

图 13-24　User 类　　　　图 13-25　ContactsManagerDbAdater 类

（3）DatabaseHelpe 类继承于 SQLiteOpenHelper 类，主要有两个函数，分别是 onCreate 和 onUpgrade，onCreate 函数主要用于数据库中表的创建；onUpgrade 函数主要用于数据库的版本不对应时重新创建表。

2. ContactsManager 设计

图 13-26 显示了 ContactsManager 涉及的变量以及调用和重写的函数。

onCreate（Bundle）为主函数，用于创建 ListView 对象，将数据与 adapter 集合，显示给用户，然后响应 ListView 的单击事件，跳转用户详细信息页面。

（1）onActivityResult()函数的实现：此函数主要用于判断是从哪些页面跳转到主页面，并刷新主页面。

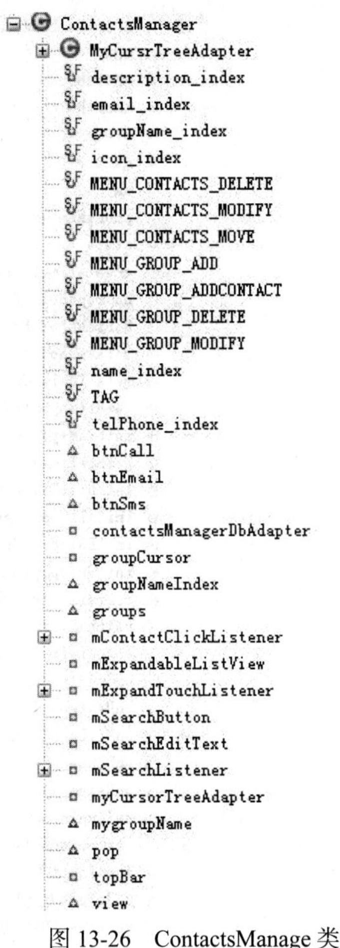

图 13-26　ContactsManage 类

（2）onKeyDown（int KeyEvent）的函数实现：响应单击菜单按钮时的事件，用于设置底部菜单是否可见。

（3）loadBottomMenu()函数的实现：主菜单的单击事件的响应，实现各种功能模块。

（4）getMenuAdapter（string[]）函数的实现：将图片和文字设置在一个集合中，组成一个菜单。

3. EditContact 设计

EditContact 用到的变量以及函数如图 13-27 所示。

4. PhotoEditorView 设计

PhotoEditorView 类的各个具体变量和函数如图 13-28 所示。

onCreate()函数的实现：实现头像的选择及数据的填写。

restDefaultPhoto()函数实现：随机的图片给它。

SetphotoBitmap（Bitmcp）的实现：判断是否需要新图片。

OnFinishInflate()的实现：自定义头像适配器。

HasSetPhoto()函数的实现：完成图像的选择对话框。

图 13-27 EditContactw 类

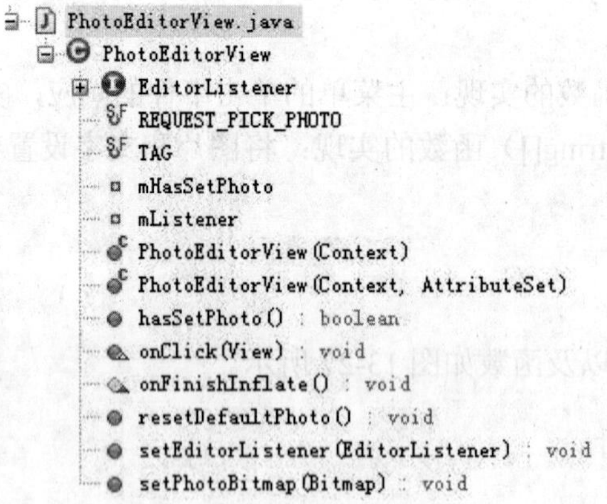

```
PhotoEditorView.java
  PhotoEditorView
    EditorListener
    REQUEST_PICK_PHOTO
    TAG
    mHasSetPhoto
    mListener
    PhotoEditorView(Context)
    PhotoEditorView(Context, AttributeSet)
    hasSetPhoto() : boolean
    onClick(View) : void
    onFinishInflate() : void
    resetDefaultPhoto() : void
    setEditorListener(EditorListener) : void
    setPhotoBitmap(Bitmap) : void
```

图 13-28 PhotoEditorView 类

5. MyContacts 设计

函数基本同 EditContactw，增加了修改按钮的单击事件和删除按钮的单击事件，如图 13-29 所示。

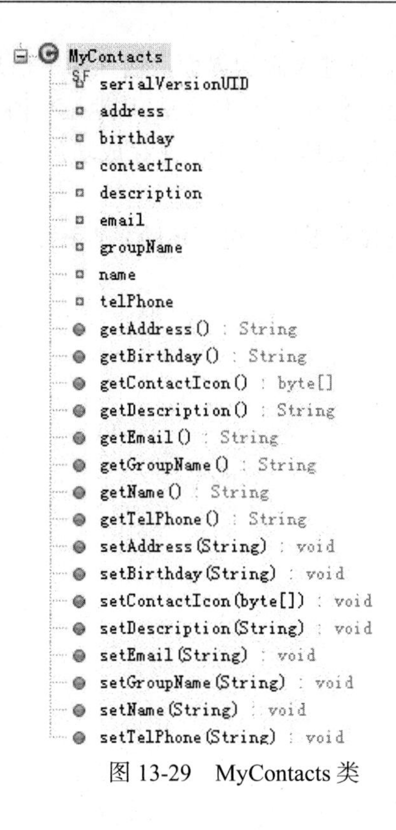

图 13-29 MyContacts 类

其主要功能是显示通讯录中记录的基本信息，如姓名、电话、所属组合、生日、地址、邮箱、好友描述。

13.4 系统测试

13.4.1 系统测试的意义及目的

系统测试是为了发现错误而执行程序的过程，成功的测试是发现了至今尚未发现的错误的测试。

测试的目的就是希望能发现潜在的各种错误和缺陷，应根据开发各阶段的需求、设计等文档或程序的内部结构精心设计测试用例，并利用这些实例来运行程序，以便发现错误。

13.4.2 测试步骤

（1）模块测试。这个测试步骤是为了发现编码和详细设计的错误。

（2）系统测试。这个测试步骤是为了发现软件设计中的错误。

（3）验收测试。这个测试步骤是为了发现系统需求说明书中的错误。

13.4.3 测试数据

在系统运行时，由于系统数据库没有数据，所以会在背景显示 No Contacts，提示用户添加数据。

首先选择菜单中的“添加”命令进入添加界面，输入如下信息：姓名、手机、办公室电话（空）、家庭电话（空）、分组（亲人）、单位（空）、地址（扬州）、生日（1992.07.12）、邮箱、好友描述（空），并选择头像后单击保存，保存成功后系统返回主界面，可以显示添加的数据。

然后对其进行各种操作并把它移到手机上进行体验，查看是否有不足之处，并改进。

参 考 文 献

张海藩．2014．软件工程（第 4 版）．北京：人民邮电出版社

OMG 组织．www.omg.org．

毋国庆，梁正平，袁梦霆，等．2013．软件需求工程（第 2 版）．北京：机械工业出版社

邹盛荣，郑国梁．2002．B 语言和方法与 Z、VDM 的比较．计算机科学

仲晓敏，邹盛荣．UML 模型到 B 抽象机的转换和实现．Computer Era，2007

周欣，魏生民．2004．基于 B 语言的 UML 形式化方法．计算机工程与应用，30（12）

Abrial JR．2004．B 方法．裘宗燕，译．北京：电子工业出版社

张广泉．2002．关于软件形式化方法．重庆师范学院学报（自然科学版），19（2）

郑红军，张乃孝．1997．软件开发中的形式化方法．计算机科学，24（6）

郑人杰，马素霞，殷人昆．2011．软件工程概论．北京：机械工业出版社

Booch G，Jacobson I，Rumbaugh J.2001．UML 用户指南．邵维忠，等译．北京：机械工业出版社

Rumbaugh J，Jacobson，I，Booch G. 2005．UML 参考手册．2 版．UML China，译．北京：机械工业出版社

Pressman R S．2002．软件工程实践者的研究方法．梅宏，译．北京：机械工业出版社

吴建，郑潮，汪杰．2004．UML 基础与 Rose 建模案例．北京：人民邮电出版社

Marksimchuk R A，Naiburg E J. 2005．UML 初学者指南．李虎，范思怡，译．北京：人民邮电出版社

Boggs W，Boggs M.2001．UML with Rational Rose 从入门到精通．邱促潘，等，译．北京：电子工业出版社

http://www.umlchina.com

Unhelkar B．2004．基于 UML 的软件项目的过程质量保障．北京：电子工业出版社

姚策．2007．基于 UML 的管理信息系统实训．北京：北京理工大学出版社

Larman C.2006．Applying UML and Patterns. 3rd edition．北京：机械工业出版社

邱郁惠．2008．系统分析师 UML 实务手册．北京：机械工业出版社

邱郁惠．2008．SOC 设计 UML 实务手册．北京：机械工业出版社

冀振燕．2009．UML 系统分析与设计教程．北京：人民邮电出版社

曹静．2008．软件开发生命周期与统一建模语言 UML．北京：中国水利水电出版社

吴建，郑潮，汪杰．2007．UML 基础与 Rose 建模案例（第 2 版）．北京：人民邮电出版社

王少锋．2004．面向对象技术 UML 教程．北京：清华大学出版社

Class R L.1998. Software Runaways，Lessons Learned from Massive Software Project Failures. NJ: Prentice Hall

YourdonE，March D.1998. The Complete Software Developer's Guide to SurvivingMission ImpossibleProjects. NJ: Prentice Hall

Jacobson I，Booch G，Rumbaugh J．2002．统一软件开发过程．周伯生，等，译．北京：机械工业出版社

Kruchten P. Rational．2002．统一过程引论．周伯生，等，译．北京：机械工业出版社

Martin R C．2003．敏捷软件开发：原则、模式与实践．邓辉译，译．北京：清华大学出版社

Amebler S W．2003．敏捷建模：极限编程和统一过程的有效实践．张嘉路，等，译．北京：机械工业出版社

http://www.martinfowler. com/articles/newMethodology.html [2000-12-01]

http://www.softline.org.cn/ expforum/yjzs

陈宏刚．2003．软件开发过程与案例．北京：清华大学出版社

陈宏刚．2002．软件开发的科学与艺术．北京：电子工业出版社

斯蒂夫·迈克康奈尔．2002．快速软件开发：有效控制与完成进度计划．席相霖，等，译．北京：电子工业出版社

McBreen P. 2001．Software Craftsmanship. Reading，MA: Addison Wesley Publishing Company

Brooks F P．2002．人月神话．汪颖，译．北京：清华大学出版社

Booch G，Rumbaugh J，Jacobson I. 2002．UML用户指南．邵维忠，等，译．北京：机械工业出版社

迈克尔·科索马罗．1996．微软的秘密．北京：北京大学出版社

附录　中英文技术词汇对照表

n 元关联，*n*-ary association
n 元关联多重性，*n*-ary association
扮演多重角色，playing multiple roles
扮演角色，playing role
绑定，bind
包，among
包，package
包含，include
包容器，container
被动对象，passive object
编译时间，compile time
标记，tag
标记表示法，token notation
标记值，tagged value
标签，label
标准化，standardization
表，list
表，table
表达式，expression
表的过滤，filtering of lists
表示法，notation
表示元素，presentation element
并发，concurrency
并发子状态，concurrent substate
不变量，invariant
不定问题，halting problem
不一致，inconsistent
不一致模型，inconsistent mode
布尔型，boolean
部署，deployment
裁制，tailoring
参量，argument
参数，parameter
参数方向，direction of parameter
参数化元素，parameterized element
参与，participate
参与者，actor
操作，operation
操作，operation
层，layer
层次，level
查询，query
查询表，lookup table
产品，product
超类，superclass
超类型，supertype
超链接，hyperlink
成员，member
冲突，conflict
抽象，abstract
抽象，abstraction
抽象超类规则，abstract superclasses rule
出口动作，exit action
出生事件，birth event
初始化，initialization
初始阶段，inception phase
处理，handling
触发器，trigger
传递延迟，transmission delay
创建，create
创建，creation
创建对象，creation
代码，code
单和多重，single and multiple
当前事件，current event
导出，derivation
导出元素，derived element
导航，navigation

到时消息，time-out message
调用，call
迭代，iteration
迭代开发，iterative development
顶点，vertex
定序，ordering
定义，definition
动作，action
动作，action
动作表，action
独立子状态，independent of others
断言，assertion
对象，object
对象管理小组，object management group
对象集，object set
对象图，object diagram
对象移动，migration of objects
对象约束语言，Object Constraint Language
多，many
多重，multiple
多重性，multiplicity
多对象，multiobject
多态，polymorphic
多态操作，polymorphic operation
多态特性，polymorphism property
二元关联，binary association
发送，send
发送者，sender
返回，return
泛化，generalizaion
泛化，generalization
泛化的互斥约束，constraint on generalization
方法，method
方法，method
访问，access
非活动的，inactive
非良性结构模型，ill-formed model
分布单元，distribution unit
分叉，fork
分栏，compartment
分栏，compartment
分类，classification
分配，allocation
分析，analysis
分支，branch
风险，risk
父，parent
复杂转换，complex transition
复制，copy
赋值，assignment
改变事件，change event
概念域，concept area
概要，summarization
根，root
跟踪，tracking
跟踪/踪迹，trace
工具，tool
工作进展过程，work in progress
公共的，public
功能视图，functional view
构架，architecture
构件，component
构造函数，constructor
构造阶段，construction phase
构造型，stereotype
构造型，stereotype
关键字，keyword
关联，association
关系，relationship
关系表，relationship
管理，management
规范表示法，canonical
规范表示法，canonical notation
规格说明，specification
规格说明文档，specification document

规则，rules for
过程，process
过程，process
过程，process
过程表达式，procedure expression
含义，meaning
号，number
合并，merge
合作对象社会，society of cooperating objects
后代，descendant
后置条件，postcondition
互斥，disjoint
互斥子状态，substate
环，token
环境，environment
活动，activity
活动的/主动的，active
活动状态配置，active state configuration
基本包，foundation package
基数，cardinality
基用例，base use case
激发，fire
激活，activation
集表达式，set expression
集合，set
继承，inheritance
继承，inheritance
间接实例，indirect instance
监护条件，guard condition
简单，simple
简单类型，primitive type
建模，modeling
建模工具，tool for modeling
建模阶段，stages of modeling
交叉线表示法，crossing lines notation
交互，interaction
角色，role
角色名，rolename
脚本，scenario
阶段，phase
接口，interface
接收，reception
接收者，receiver
节点，node
结构，structural
结构化分析，Structured Analysis
结构化设计方法，Structured Design
结合，join
结合状态，junction state
精化，refinement
静态，static
静态和动态，static and dynamic
具体，concrete
具体化，reification
聚合，aggregation
聚集，aggregate
绝对时间，absolute time
开发，development
开发过程构造型表，development process stereotype
可变性，changeability
可导航的，navigable
可泛化元素，generalizable element
可见性，visibility
可实例化的，instantiable
客户，client
空值，null value
控制，control
控制期，focus of control
快照，snapshot
框架，framework
扩展，extension
扩展点，extension point
扩展机制，extensibility mechanism
类，class
类级作用域，class-level scope

类型，type
类元，classifier
类元表，classifier
历史状态，history state
链，link
列表，list
列表表示法，notation in list
列表中的组特性，group property in list
菱形符号，diamond symbol
流，flow
流表，flow
流逝时间，elapsed time
路径，path
路径名，pathname
轮廓，profile
枚举，enumeration
面向对象，object-oriented
描述符，descriptor
名称，name
命名空间，namespace
模板，template
模块，module
模式，pattern
模型，model
模型，model
默认值，default value
目标，goal
目标，target
目的，purpose
内部转换，internal transition
内存分配，memory allocation
内容，content
逆向工程，reverse engineering
判别式，discriminator
判别式，discriminator
配置控制，configuration control
匹配，matching
片断，segment
瀑布开发过程，waterfall development process
前置条件，precondition
嵌入文档，embedded document
嵌套规则，nesting rule
强类型，powertype
请求，request
求值，evaluation
全局，global
入口动作，entry action
散列表，hash table
设计，design
身份，identity
生产者-顾客，producer-consumer
生成器状态机，generator state machine
生命线，lifeline
生命线，lifeline
省略号，ellipsis
时标，timing mark
时间，time
时间，time
时钟，clock
实参，actual parameter
实例，instance of
实例，instance
实例化，instantiate
实例化，instantiated
实例化，instantiation
实例级作用域，instance-level scope
实时结构化设计，Real Time Structured Design
实现，implementation
实现，realization
使用，usage
使用链，using link
示出，export
事件，event
事件，event

事件表，event
视图，view
视图，view
视图和图，view and diagram
视图间关系表，across view
受保护的，protected
树表示法，tree notation
数据，data
双向性，bidirectionality
顺序，sequence
顺序，sequence
顺序，sequential
顺序图，sequence diagram
顺序图表示法，sequence diagram notation
说明符，specifier
私有，private
私有的，private
死锁，deadlock
所有关系，ownership
所有者作用域，owner scope
特化，specialization
特性，property
特征，feature
特征，feature
特征标记，signature
提供者，supplier
条，bar
条件线程，conditional thread
通信关联，communication association
同步，synchronization
统一建模语言，Unified Modeling Language UML
投影，projection
图，diagram
图标，icon
外部转换，external transition
外延，extent
维数，dimension
维数，dimension of
伪属性，pseudoattribute
伪状态，pseudostate
未指定值，unspecified value
位置，location
无用单元回收，garbage collection
物理视图，physical view
系统，system
细化阶段，elaboration phase
线程，thread
线程消息语法，thread message syntax
限定，qualified
消息，message
消息，message
消息，message
消息发送，message send
消息发送，message send
销毁，destroy
效用，utility
协作，collaboration
协作实现，realization by collaboration
协作图，collaboration diagram
信号，signal
信号广播，broadcast of signal
行为，behavior
形参，formal argument
需求，requirement
许可，permission
序列，sequence
循环，recurrence
延迟的，deferred
业务建模，business modeling
业务建模构造型表，business modeling stereotype
叶，leaf
依赖，dependency
依赖关系表，dependency

异步，asynchronous
异常，exception
异或，xor
引入，import
引用，reference
引用状态，reference state
隐含，implicit
永久对象，persistent object
泳道，swimlane
用例，use case
用例，use case
用例关系表，use case relationship
用例实现，realization of use case
友元，friend
有效模型，effective model
有效系统实例，valid system instance
语法，syntax
语境，context
语言，language
语言，language
语义，semantics
预定义，predefined
预定义标记，predefined
元对象，metaobject
元关系，metarelationship
元类，metaclass
元模型，metamodel
元模型，metamodel
元素，element
元素，element
元素表，element list
元-元模型，meta-metamodel
元组，tuple
原子，atomic
约束，constraint
约束，constraint
运行时间，run time
暂时，transient
暂时链，transient
增量式开发，incremental development
正交子状态，orthogonal substate
执行语义，execution semantics
执行语义，execution semantics
执行语义，execution semantics
执行语义，execution semantics
执行语义，execution semantics
执行语义，execution semantics
执行语义，execution semantics
职责，responsibility
制品，artifact
中止消息，balking message
终止动作，terminate action
终止状态，final state
重用，reuse
重载操作，overriding operation
主导类，dominant class
属性，attribute
属性特征，attribute property
注解，note
注释，comment
转换表，transition
转换规则，rules on transition
状态，state
状态表，state
状态机，state machine
状态图，statechart diagram
状态图表示法，statechart notation
子类，subclass
子类型，subtype
子系统，subsystem
子状态，substate
子状态机，submachine
字符串，string
综述，overview
组成状态，composite state
组合，composition

组合/合并，combination

祖先，ancestor

最小化，minimizing

作用域，scope